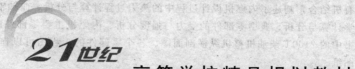

21世纪 高等学校精品规划教材

内燃机课程设计

高文志　主　编

李明海　袁文华　副主编

中国水利水电出版社

www.waterpub.com.cn

内 容 提 要

本书主要介绍内燃机课程设计的目的与要求，并将内燃机构造、原理与设计的内容有机结合，阐述了内燃机设计过程中的热力过程计算与分析、曲轴轴系及配气机构动力学计算与分析、典型零部件的受力与强度分析、内燃机主要零部件的结构及设计要点。书中的 2100T 柴油机整机纵横剖面图、各个零部件的工程图可以作为课程设计的参考图纸。

本书紧密联系工程实际，特别适用于本科生综合工程训练教学环节，也可作为动力工程类、汽车工程类专业本科生内燃机课程设计指导书，还可作为动力机械工程技术人员的参考书。

图书在版编目（ＣＩＰ）数据

内燃机课程设计 / 高文志主编. -- 北京 : 中国水利水电出版社, 2010.8
21世纪高等学校精品规划教材
ISBN 978-7-5084-7773-2

Ⅰ．①内… Ⅱ．①高… Ⅲ．①内燃机－课程设计－高等学校－教材 Ⅳ．①TK4-41

中国版本图书馆CIP数据核字(2010)第159380号

书　　名	21世纪高等学校精品规划教材 **内燃机课程设计**
作　　者	高文志　主编　李明海　袁文华　副主编
出版发行	中国水利水电出版社 （北京市海淀区玉渊潭南路1号D座　100038） 网址：www. waterpub. com. cn E - mail：sales@ waterpub. com. cn 电话：(010) 68367658（营销中心）
经　　售	北京科水图书销售中心（零售） 电话：(010) 88383994、63202643 全国各地新华书店和相关出版物销售网点
排　　版	中国水利水电出版社微机排版中心
印　　刷	北京市地矿印刷厂
规　　格	184mm×260mm　16开本　10印张　237千字
版　　次	2010年8月第1版　2010年8月第1次印刷
印　　数	0001—3000册
定　　价	20.00元

前言

内燃机作为一种高效、轻便的动力机械，在汽车、农业机械、工程机械、铁路机车、舰船等领域应用广泛。它的保有量在动力机械中居首位，在人类生活中占有非常重要的地位，特别是在我国汽车工业高速发展的今天，其重要性尤为突出。

在全国设有内燃机专业方向的高校中，很多都安排"内燃机课程设计"这一实践性教学环节，旨在通过课程设计使学生应用、巩固、丰富、提高所学内燃机专业知识，加深对所学理论知识的理解，获得与专业有关的实践经验，培养学生的实践能力和专业技能。但是，有关内燃机实践教学类教材不多，不能满足内燃机课程设计教学的需求。

内燃机专业方向毕业的学生中，大部分到企业从事内燃机的设计开发工作，学校应该给学生进行该方面研究开发锻炼的机会，本书就是为这个目的而编写的。编写组由3个高校的教师组成，从事内燃机设计开发工作多年，希望能编写一本能适应内燃机课程设计需要的教材。

本书共8章，第1章为绪论，介绍内燃机设计开发的要求及开发流程；第2章为内燃机工作过程计算与分析，其目的是确定内燃机气缸内的气体压力、温度、动力性能及经济性能，为参数选取和动力及机械强度计算奠定基础；第3章为内燃机的平衡计算与分析，主要阐述曲轴轴系的动力学分析方法；第4章为内燃机的机体、缸盖与气缸套，主要讲述机体、缸盖与缸套的设计要点；第5章为活塞、连杆与曲轴，讲述活塞、连杆与曲轴的设计要点；第6章为配气机构设计，阐述内燃机配气系统中凸轮轴的凸轮型线种类及具体设计方法，配气机构的动力学分析方法；第7章为燃油供给系统设计；第8章为2100T柴油机主要技术参数及图纸，系统地反映了各个零件的尺寸与结构及各个零件的装配位置，使学生对发动机的整体结构及设计细节有一个全面的了解。上述内容中，第2~8章，每章内容都可以作为课程设计的一个专题，可以分组分专题进行，每组完成一个专题，最终形成一台整机的设计方案。

本书第 1、3、4、5、8 章由天津大学高文志编写；第 6、7 章由大连交通大学李明海编写；第 2 章由邵阳学院袁文华编写。

本书在编写过程中参考了大量著作、资料、样本、说明书及科技文献，在此向有关人员表示诚挚的感谢。

由于作者水平有限，书中难免有不妥和错漏之处，恳请读者批评指正。

编 者
2010 年 1 月

目录

第1章 绪 论

1.1 内燃机课程设计的目的与要求

内燃机课程设计是十分重要的实践性教学环节，通过课程设计，使学生了解内燃机设计的程序和方法；掌握结构设计的基本理论、辅助系统设计及零部件的配套、选型基本原则；了解内燃机中热能转变为机械功的基本规律，研究内燃机的进气、压缩、混合气形成和燃烧、膨胀和排气等过程，掌握提高内燃机动力性、经济性的途径，为内燃机设计、选型、正确使用和改进打下基础。

通过内燃机专业课程设计使学生应用、巩固、丰富、提高所学内燃机专业知识，加深对所学理论知识的理解，获得与专业有关的实践经验，培养学生的实践能力和专业技能。学生针对某个具体的课程设计内容，边做边学，锻炼独立进行内燃机设计开发的能力。

通过内燃机专业课程设计，应该能够达到以下基本教学要求。

(1) 掌握内燃机设计的基本要求和方法，了解内燃机现代设计理论和方法的基本内容和实际应用。

(2) 能正确分析内燃机各主要零件所受载荷的大小和性质，掌握其工作特点和设计要求，掌握基本尺寸和结构的确定原则及计算方法，了解有关的新技术和发展趋势。

(3) 掌握内燃机的平衡概念和分析方法及其改善途径。

(4) 掌握内燃机对润滑、冷却和起动系统的基本要求，了解各零部件的主要性能，并能正确地评价和选用。

(5) 熟悉内燃机工作过程，掌握各参数对工作过程的影响，掌握提高内燃机动力性、经济性的措施。

(6) 熟悉内燃机的性能指标及内燃机特性与匹配。

1.2 内燃机的设计要求

1.2.1 功率和转速

使用者对内燃机首要的要求是应该能够在规定转速下发出所要求的功率。转速和功率的具体数值是根据用途来确定的，因而在设计任务书中总是作为原始数据而给定的。

为了标明内燃机在使用中可以发出的功率，生产厂在铭牌上标注机器的标定功率。按GB 1105.1—87 的规定，内燃机的功率可按以下 4 种不同情况进行标定，所生产的内燃机应该能够在规定的条件下可靠地发出所标定的功率。

(1) 15min 功率。内燃机允许连续运转 15min 的标定功率。它适用于汽车、摩托车等用途的功率标定。

（2）1h 功率。内燃机允许连续运转 1h 的标定功率。它适用于工业拖拉机、工程机械、内燃机车、船舶等用途的功率标定。

（3）12h 功率。内燃机允许连续运转 12h 的标定功率。它适用于农用拖拉机、内燃机车、内河船舶等用途的功率标定。

（4）持续功率。内燃机允许长期连续运转的标定功率。它适用于船舶、电站、农业排灌动力用途的功率标定。

当同一种内燃机用于不同用途时，工厂可以相应地进行不同的标定，并设法限制内燃机在超过标定值的情况下工作，以保证工作的可靠性和防止其他性能指标的恶化。

内燃机的有效功率 P 可按下式计算

$$P = \frac{p_e i V_h n}{30\tau} \ (\text{kW}) \tag{1-1}$$

$$= 0.7854 \times 10^{-3} \times \frac{p_e C_m i D^2}{\tau} \ (\text{kW})$$

$$V_h = \frac{\pi D^2}{4} S \tag{1-2}$$

式中　p_e——平均有效压力，MPa；

　　　i——气缸数；

　　　V_h——气缸工作容积，L；

　　　n——转数，r/min；

　　　D——气缸直径，mm；

　　　S——活塞行程，mm；

　　　τ——冲程数，四冲程机 $\tau=4$，二冲程机 $\tau=2$；

　　　C_m——活塞平均速度，$C_m = \frac{Sn}{30} \times 10^{-3}$（m/s）。

当其他条件相同时，p_e 高则 P 大。由于 $p_e = p_i \eta_m$（这里 p_i 为平均指示压力，η_m 为内燃机的机械效率），所以提高 p_e 须提高 p_i 和 η_m 着手。要想提高 p_i 就须解决两个方面的问题：一是如何使更多的空气充入气缸，并使更多的燃料能在气缸内有效地燃烧；二是如何使内燃机的零件能够在随 p_i 而增高的燃烧温度工况下可靠地工作。

机械效率 η_m 反映了内燃机在运转过程中本身的机械功损失。它包括吸气和排气的泵吸损失、零件作相对滑动时的摩擦功损失和驱动辅助机构所消耗的机械功。汽车用内燃机各部分机械损失所占的大约百分比见表 1-1。

表 1-1	汽车用内燃机各部分机械损失所占百分比	%
损　　失	汽油机	柴油机
活塞、活塞环和气缸的摩擦功	44.0	50.0
连杆大头轴承和主轴承	22.0	24.0
换气	20.0	14.0
驱动气门机构	8.0	6.0
驱动油泵、水泵、燃油泵等	6.0	6.0
总　　计	100.0	100.0

对于柴油机来说，采用废气涡轮增压是大幅度提高平均有效压力 p_e 的有效措施。由式（1-1）可看出，当其他条件相同时，转速 n 越高内燃机的功率也越大。转速 n 与内燃机极限功率之间的关系如图 1-1 所示。

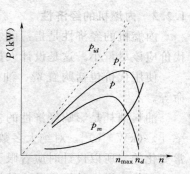

图 1-1　内燃机功率与转速关系

在理想情况下，如果每循环中充入气缸的工作气量（用充量系数表示）和燃烧的有效程度都保持为 100% 不变，则当内燃机的转速提高时，机器所发出的指示功率 p_{id} 将成比例地直线上升。实际上，由于气体在进气和排气管路中流动时管路对流动都有阻力，当转速增加时，随着气体流速的增大，流动阻力也随之增大，结果使充入气缸的工作气体减少，再加上转速高时燃烧情况可能恶化，从而使得内燃机实际发出的指示功率将按曲线 p_i 变化。随着转速的增加机件的机械功损失也很快增加，如曲线 p_m 所示。内燃机可能发出的有效功率是 $p = p_i - p_m$。所以，当内燃机的转速提高到某一数值 n_d 时将会出现 $p_i = p_m$ 的情况，此时内燃机的机械效率 $\eta_m = 0$，所有指示功率都消耗于本身的机械功损失上，则有效功率等于零。一台内燃机在空车（不带负荷）情况下加大油门空转时就是这种情况。为了使设计的内燃机能够输出有效功率，并使之具有可以采纳的有效燃料消耗率，其机械效率 $\eta_m = \dfrac{p}{p + p_m}$ 应不小于 0.6，这就从工作过程的角度确定了内燃机的最高工作转速，如图 1-1 中的 n_{max} 所示。

内燃机的各个零件应该保证能够在这个最高工作转速下长期可靠的运转。应该了解，随着转速的提高，单位时间内气缸所完成的工作循环次数增加，它使零件所承受的机械负荷和热负荷增加，并且由于机件之间相互摩擦的线速度增加，机件所承受的磨损也随着加剧，因此必须采取相应的措施保证零件能在这样的条件下可靠工作。内燃机的最低稳定转速也是受到限制的。

内燃机的工作转速范围应适合动力装置的要求。驱动交流发电机的内燃机，其转速应使发电量具有规定的频率，即

$$n = 60\,\frac{f}{z}$$

式中　f——交流电的频率，我国的标准频率规定为 50 Hz；

　　　z——发电机磁极的对数。

如果所设计内燃机的最高转速为 2800 r/min，并与有两对磁极的发电机配套，而内燃机只能在 1500 r/min 的转速下工作，不但内燃机的潜力不能发挥，而且机组也比较笨重。否则，就必须选择工作转速为 3000 r/min 的内燃机，并与具有一对磁极的发电机配套。

此外，为了保持所发电流的频率恒定，还应该使内燃机的转速不随发电机负荷的变化而改变。特别是当发电机的负荷有突然大幅度变化时，内燃机的转速不应有大的波动。这些可以通过安装定速调速器来解决。

对于汽车、拖拉机和工程机械来说，要求内燃机的最大扭矩点出现在尽量低的转速下。

1.2.2 内燃机的经济性

内燃机的经济性是指：内燃机的使用价值应该尽量大，而为使用内燃机所必须付出的代价应该尽量小。这是设计人员应该争取的重要目标之一。

使用代价包括购置费、油料消耗、使用中的工作强度、维护修理费用以及使用寿命等。

油料消耗是影响经济性的主要部分。内燃机的燃油消耗率通常是指标定工况时的油耗率 $[g/(kW \cdot h)]$。对绝大多数使用情况来说，内燃机的工况不论是功率还是转速都是经常变化的，所以设计时应着眼于使得通常工况下的油耗率为最低。

现代内燃机的操纵是比较简单的，但维护和修理却需要技术，偏僻地区，维护与修理常常成为难题。针对这种情况，在设计现代的，尤其是大批量生产的内燃机时，如何简化维护与修理工作，也是应该考虑的重要内容。最理想的情况是做到能够废除维护，或者把必须的维护工作缩减成只是定期检查润滑系统或冷却系统。

所谓内燃机的使用寿命可以有不同的定义，即：

（1）无需进行第一次维护的累积使用时间。

（2）到必须取出活塞进行小修之前的累积使用时间。

（3）到必须将机器拆散进行大修之前的累积使用时间。

（4）直到机器进行了几次大修后必须报废的累积使用时间。对于车用内燃机也可用行驶里程来代替时间。

另外，应设法使内燃机的修理工作简单易行。

1.2.3 内燃机的紧凑性

紧凑性指标是用来表征发动机总体结构紧凑程度的指标，通常用比容积和比质量衡量。

（1）比容积。发动机外廓体积与其标定功率的比值称为比容积。

（2）比质量。发动机的干质量与其标定功率的比值称为比质量。干质量是指未加注燃油、机油和冷却液的发动机质量。

比容积和比质量越小，发动机结构越紧凑。

1.2.4 内燃机的可靠性

工作可靠是内燃机应该具有的起码性能，否则其他性能都将无从谈起。

所谓工作可靠，是指机器在规定的条件范围内，运转时不因出现故障或由于零件损坏而被迫停车。在使用条件下，一旦发生这种停车事故有可能给生产，甚至生命和财产带来重大损失。

作为生产厂对用户的一种保证，常常规定出保证期，即在规定的期限内，机器可以无故障运转的最低累积时数。应该指出，此保证期只是机器能够确保可靠工作时数的下限。

影响可靠性的因素是多方面的，如结构、工艺和材料等。机器内部清洗不净，残留有型砂和铁末，以及其他意想不到的事都可能是出现事故的根源。

有许多事故隐患甚至需要经过长期反复的实际运转才能逐个地发现和排除，因此积累经验是很重要的。

内燃机应该能够迅速而且可靠地起动，这也是一项重要性能。内燃机运转时所产生的振动和噪声应该尽量小。内燃机的排气对大气的污染应该尽量小。经过百年来人们的不断努力，今日的内燃机已优于早期。与此同时，上述各项要求的水准也相应提高了，而且还提出了新的要求，例如关于排放与噪声方面的要求。

当着手设计一台具体的内燃机时，若想使之完美无缺地满足所有要求，也是不可能的，必须是有重点和有所侧重，否则就无从下手。正是由于这一原因，内燃机也就出现了机型上的差别，四冲程与二冲程、汽油机与柴油机、高速机与低速机、大型机与小型机、重型机与轻型机以及水冷机与风冷机等。

1.3　内燃机的主要结构尺寸

内燃机的主要尺寸包括：气缸直径 D、活塞行程 S（或曲柄半径 R）、连杆长度 l 和缸心距 L_o 等；主要结构参数包括：行程缸径比 S/D、连杆比 $\lambda = R/l$、缸心距缸径比 L_o/D、气缸数 i 和气缸夹角 ϕ 等。

当所设计内燃机的标定功率 p 和转速 n 确定之后，根据估计的 p_e 值由式（1-1）可得所必需的总工作容积 iV_h。在估计 p_e 值时，一方面应考虑自己技术力量所可以达到的数值，另一方面也应留有余地。应该注意，标定功率并不是机器所能发出的极限功率。

1.3.1　缸径和缸数

确定缸数 i，除了考虑内燃机动力学和曲轴的扭转振动方面的问题之外，还应注意到以下问题。

（1）汽油机，由于燃烧过程的特点，气缸直径不能过大，一般不大于 120mm。

（2）压缩点火式内燃机，同样由于燃烧过程的特点，气缸直径不能过小，一般应不小于 85mm。

（3）当缸径 D 确定后，根据关于 S/D 值的选择可确定行程 S，从而确定了一个气缸的活塞排量。

（4）缸径越大则一个气缸的往复运动部分的质量就越大，惯性力将限制转速的提高。

（5）缸数少则机器结构简单，但结构就越不紧凑，运转中的振动大且平稳性差。

1.3.2　比值 S/D

对于高速柴油机来说 S/D 值在 0.9~1.15 范围内，中速柴油机为 1~1.25，低速柴油机则为 1.6~2.2。汽油机的 S/D 值则在 0.8~1.2 范围内。

S/D 值小，则行程 S 比较短。转速高的内燃机，采用小 S/D 值的原因主要是 D 值较大可以方便气门的安排，S 值小则当活塞平均速度 C_m 一定时可以提高转速 n。

活塞平均速度 C_m 是个重要参数。由式（1-1）可以看出，C_m 也是与内燃机的 P 值有关的参数。由于 C_m 直接关系活塞相对于气缸壁的滑动速度，从而也就直接关系到内燃机的寿命和工作可靠性。此外，C_m 越高，则活塞作往复运动的惯性力也越大，而且 C_m 越高，则换气时流过气门的气体平均流速也越高。所有这些都限制了采用过高的 C_m 值。

由内燃机的使用寿命和工作可靠性考虑，现代各类内燃机的最高 C_m 许用值（m/s）如下所示：

高速运输用内燃机　　　　　　　　10.0~12.5（13.5）

要求使用寿命长的高速内燃机	8.0～10.5
中速柴油机	7.0～8.5
低速柴油机	4.0～6.5

C_m 选得过低是不恰当的。首先是对于具有给定工作容积的内燃机来说，所发出的功率将过小，即每升工作容积所能发出的功率 p 将过低，这是不利的；其次，C_m 过低对于像活塞环和气缸壁这样的摩擦副，由于在摩擦表面间不能建立起有效的润滑油膜而使磨损加剧。

所以对于转速低的内燃机来说必须采用大的 S/D 值。

在具体选择 S/D 值时，还应注意尽量使气缸的散热面积与气缸容积之比为最小，便于燃烧室的设计以及使整台内燃机的尺寸最为紧凑。

有的系列产品，一种缸径，却有两种行程。这样做有的是要通过加长活塞行程使所设计的内燃机多发出一些功率，有的则是要通过减短活塞行程来使转速提高，却不使 C_m 增大太多。

1.4 内燃机的开发流程

1.4.1 满足用户需要

在设计开发一款新的发动机之前，必须首先明确用户的需要和所要投放的市场需要。应该清楚所要设计的发动机是做什么用的，是多种用途还是单一用途？用户期待的性能如何？尽管用户不能细致地描述他们期待的性能，但是他们清楚所使用的产品性能是否已满足了他们的要求。性能指标包括有效功率、有效功率和最大扭矩之间的转速范围、在这一转速范围内扭矩的增高量、扭矩曲线与车辆传动系统的匹配以及瞬态响应速度等性能。

应该了解用户的进一步需求和期望是什么。例如，耐久性、燃料消耗、发动机重量、保养间隔、保养要求等。

设计者应该清楚哪些指标对用户来说最重要？用户的期望值是多少？为了使开发的产品具有市场竞争力，应该满足什么样的成本目标？与竞争者相比，产品有哪些优势？开发商应该分析研究市场的发展趋势，将来功率要求、设计要求及价格的走势。

1.4.2 初步的热力过程计算

根据用户需要，首先选择燃烧系统。选择柴油机还是汽油机？压燃式柴油机在燃油经济性、扭矩升高率和耐久性方面具有优势，而汽油机具有高功率密度、轻质量和低成本等优点，汽油机更容易满足严格的排放标准。

在确定了用户与市场所期待的性能指标后，必须预先进行初始的性能分析，确定能满足功率与转速要求的发动机排量。通过分析使燃料完全燃烧所需的空气量来确定发动机的排量，同时也要初步估算发动机的燃油效率和容积效率。还要把自然吸气发动机结构与小排量的装有涡轮增压器或机械增压器的发动机进行比较。

在进行排量估算时需要与发动机的结构分析紧密结合，除了总排量外，还需要选定气缸数、缸径与行程，这些初步设计既影响发动机的结构设计也影响发动机的性能特性。

1.4.3 机械计算

前面提到的性能分析和外形设计确定了发动机的气缸数、缸径和行程。这些参数将决定发动机的外形。很多发动机的外形结构取决于发动机的用途。发动机的外廓尺寸多大？是否到达最小化？例如，如果为了满足车辆空气动力学要求，使高度最小化很可能是最重要的。如果发动机是用于摩托车，宽度可能是关键。在决定气缸数和结构时，以上这些问题以及发动机的平衡、成本、复杂性、转速和可保养性都必须考虑。

1.4.4 概念设计

在设计的初级阶段确定了缸心距、机体高度等关键尺寸，这些尺寸将影响发动机的设计和耐久性，发动机这些关键尺寸的确定应着眼于优化设计，因为这些尺寸对工作载荷大小、载荷合理分布及提高发动机的耐久性都有十分重要的影响。例如，缸心距影响曲轴长度、刚度、主轴承和连杆轴承的承压面积，也影响缸盖螺栓间距与气缸垫密封，影响机体结构及主轴承螺栓和缸盖螺栓的载荷分布，影响冷却水套设计、冷却液流通面积、冷却液在机体与缸盖之间的热传递。这里只列举了缸心距这个例子，类似的还有机体高度、凸轮轴位置及其他的设计尺寸。设计者要与进行初始结构设计及振动噪声分析的工作人员紧密配合来完成发动机设计的最优化。

在概念设计阶段还要确定缸盖和机体的材料，这将影响发动机的设计。例如，选用铝作为曲轴箱的材料，就要选用压铸的铝油底壳以提高结构刚度。

1.4.5 热力过程分析

开发一款新的发动机，缩短开发周期减小成本的基础工作是应用计算工具提前对发动机的性能进行分析，采用有效的分析工具对发动机的燃烧室和进排气系统进行优化。发动机工作过程模拟的一维模型通常用来开发进排气系统。配气系统的凸轮型线、进排气门的开启和关闭时刻可以用这种模型优化。如果采用机械增压或涡轮增压器，也可以用一维模型对增压系统进行性能分析。在概念设计阶段也可以用多维 CFD 模型对涡轮增压器进行分析。

目前，有多维模型用于燃烧过程分析和燃烧室设计，可以对燃烧室的几何形状、火花塞的位置、喷油器的位置及喷雾的几何形状等进行优化，同时也可以估算活塞和缸盖的几何形状。可以研究进气过程中产生的空气运动和诱导的涡流或紊流。

发动机的性能分析贯穿于整个发动机开发过程中。通过把模拟分析与试验结果进行对比，对模型及参数进行修正后，用模拟模型可以快速估算并判断设计改善与否，帮助指导设计向哪个方向改变。发动机投产后，进一步的改进工作也需要模拟工具的支持。

1.4.6 机械分析

在发动机开发中，除了性能分析，各种机械结构分析工具在确定设计方向也是必不可少的。有限元和边界元技术用于估算在机械载荷和热负荷作用下零部件的疲劳极限和耐久性，也可估算气缸盖螺栓、连杆轴承盖和主轴承盖螺栓预紧载荷以及气缸垫密封性等。动力学模拟技术用于分析凸轮轴及配气系统，分析曲轴或凸轮轴的扭转振动。CFD 技术用于分析冷却液的流动，实现冷却液的流动路径最佳化，并分析水套的布置情况。流体计算也可用于开发润滑系统。

尽管详细的结构分析增加了开发初期的时间和资源投入，但从整个开发过程来看，还是会大大缩短开发周期和降低开发成本的。因为制造与设计成本随时间的增加而增加，在发动机制造前通过模拟分析改进设计当然会减小成本。一旦发动机开始制造再改变设计则会大大增加开发成本。

在整个发动机开发过程中必须不断维护性能分析模型，如果结构设计发生改变，性能分析模型也应作相应变化。可以用发动机试验来确定边界条件，提高模型的精确性。在发动机开发过程中，或投入生产后，很快对发动机性能进行正确估算，从而提出改进措施。在发动机零部件或辅助系统开发过程中，性能分析、结构设计和模型建立等工作是并行的。

1.4.7 声学特性分析

对于车辆用的发动机，越来越关注噪声、振动及舒适性。在设计与安装过程中，诸多因素都会影响到发动机的振动与噪声。发动机的结构特征将决定哪些力平衡，哪些力不平衡，能够传递给车辆的不平衡力的幅值与频率大小。

气缸体和气缸盖的结构将影响噪声向其他零件的传递以及气缸体与气缸盖本身表面的声辐射。因此要进行模态分析，确定使噪声传递与辐射放大的临界频率。通过模态分析，改变设计来降低振动幅值，使振动的固有频率远离发动机的常用工作转速。用于噪声、振动及舒适性分析的模型与性能分析模型同样重要。

1.4.8 制造加工

当发动机的结构尺寸确定后，开始考虑产品的铸造、锻造和加工过程，也要考虑装配线的设计、质量控制程序、试验要求、设备的购买与安装等。

根据前期的市场调研，确定生产容量和设计寿命，这会影响加工过程设计。发动机的大部分零部件通过专业工具加工，这将大大增加生产效率并降低单件的加工成本，然而会增加加工投入。要求很多尺寸和设计特性在加工制造过程中就要确定，如果进行再改造，成本非常高。

1.4.9 细节设计

细节设计包括从外形设计到尺寸与公差设计，完善整个设计过程的细节，包括确定制造过程、材料及质量控制过程的技术参数。

细节设计的另一个重要方面是技术文件准备、零件供应商的确定，每一个供应商都应具有自己的零件编号与跟踪系统。新发动机可能使用一些市场上现有的零件，但大部分是新开发的零件。发动机的每个零件都需要以各种方式跟踪，包括成本、产品目录和装配线上的供应跟踪，以及投入市场后的售后服务零部件的供应跟踪。

1.4.10 模拟试验

在不断提高性能分析能力过程中，采用试验验证和进一步完善分析模型的方法十分重要。在产品样机加工前，通常进行模拟试验，这种试验是采用已有的发动机，换用新开发的主要零部件，代替计划开发的样机进行试验。例如，采用已有发动机的曲轴箱，而活塞、气缸盖和进排气系统改用新设计的，这可以把进排气系统和燃烧系统开发安排在零部件开发过程中，随着分析工具的不断完善，模拟试验会逐渐减少，从而降低开发成本。

1.4.11 零部件试验

零部件开发与耐久性验证。下一个阶段任务是对加工完成后的零部件或辅助系统进行试验,尽管这种试验比理论分析所需要的费用高,但是所需费用远远低于发动机试验。零部件试验的核心任务是开发能精确模拟发动机主要零部件承受的载荷试验。当零部件的安装和边界条件确定后,可以对零部件施加高于发动机工作频率的载荷,在发动机开发过程中,很多零部件在试验前就已经进行很好地优化了。

1.4.12 样机试制

通过初期的理论分析,完成整机设计后,试制一台或一组样机。根据计算机形成的零件数模进行铸造,由钢毛坯加工曲轴、连杆和凸轮轴。这些样机大部分用于性能和可靠性分析,一些可能应用于车辆,有时几个样机同时制造,以便比较进一步优化后的样机性能,有时利用最新的样机进行场地试验以便让用户评价。

样机制造,特别是后期的样机制造,也提供了对制造与装配工艺的研究机会,可以发现一些不容易装配的设计,并提出合适的改进方案,以克服发动机生产上的困难。

1.4.13 性能与排放试验

性能与排放试验是在发动机样机上进行,样机试验取决于早期性能分析的精确性与细致程度,取决于模拟试验提出的发动机改进方向。发动机开发过程中,一个永恒的课题是不断提高发动机开发前期的分析能力,使性能与排放试验工作最小化,并使燃烧和性能收益最佳。

试验与最佳化过程可以在发动机实验台、底盘测功机或道路试验中完成,特别是应用在车辆上的发动机,其性能开发与最优化还包括发动机与变速器匹配的最优化。

1.4.14 功能与耐久性试验

发动机性能试验验证了前期模拟分析与模拟试验,由于有前期的性能分析与模拟试验,因此减少了性能试验工作,并在性能试验中降低了资源消耗,减少了试验成本。大部分发动机制造商还设计了质量认证程序,设计各种稳态和循环试验来估算某些特殊零件的耐久性。尽管当前趋于用理论分析与台架试验相结合的方法来估算发动机的耐久性,但是有些耐久性考核还是要通过试验完成,甚至有部分试验还需要在车上进行。

1.4.15 NVH 试验

发动机样机试验的另一个重要方面是关于噪声、振动与舒适性(NVH)试验。NVH试验也是基于前期的模型分析基础上,随着模型的不断完善,试验所需的资源会越来越少。

NVH试验是在半消声试验室中进行,测量发动机周围各点的声压级。发动机的模态试验以及零部件对噪声的影响试验将在发动机动力台架上进行,同时也要进行车辆的自由声场试验。

1.4.16 加工

发动机开发过程中一个关键环节是加工。在这过程中,产品加工线将被确定,在加工过程中不能有太大的设计变动。

1.4.17 预生产

在产品大规模投产前,必须进行小批量的发动机生产,保证在发动机装配过程中没有问题,提供用于场地试验、顾客评价的发动机,保证排放和噪声满足法规要求。

1.4.18　大规模投产

发动机开发的最终标志是产品投放市场。在仔细跟踪授权信息，并得到用户支持的情况下，产品生产量逐渐上升。

在大规模生产过程中继续进行发动机开发，但主要强调产品改善和降低成本，并尝试把新开发的发动机应用于其他车辆上，对发动机进行性能改进以提高市场潜力。例如，对发动机升级和性能改进，以便用于运动型或高性能轿车上等。

1.5　内燃机课程设计的内容

内燃机课程设计可以按分组分专题形式进行，内燃机的设计包括机械分析、热力学分析、工作过程模拟、NVH 分析与计算等多项内容。课程设计既可以是以内燃机原理课程为主的发动机工作过程模拟，通过工作过程模拟，分析发动机的各主要结构参数（缸径、行程、缸径行程比、配气相位、进排气管结构等）对发动机性能的影响规律，从而通过模拟计算优化发动机的主要结构参数，使发动机的性能达到最佳；也可以是以内燃机设计为主要内容的课程设计，例如，发动机的动力学分析、曲柄连杆机构的结构设计与分析、发动机整机结构分析及纵横剖面图的绘制等。

学时分配建议见表 1-2。

表 1-2　　　　　　　　　　　学 时 分 配 建 议 表

编号	名　称	学时分配（周）	编号	名　称	学时分配（周）
1	内燃机热力过程分析	4	5	机体结构设计	4
2	内燃机动力学计算	3	6	缸盖结构设计	4
3	配气机构设计与动力学分析	4	7	发动机整机纵横剖面图绘制	4
4	曲柄连杆机构设计	4			

第2章 内燃机工作过程计算与分析

柴油机是一种结构紧凑，集机、电、热于一体的精密热能动力机械，只有采用现代设计理论与方法，应用先进的分析技术与测量技术，才能开发出轻量化、高性能、高寿命、低成本的柴油机。

众所周知，柴油机性能的好坏主要取决于其气缸内工质压力、温度随曲轴转角的变化关系，而压力与温度的变化关系又被放热规律和传热规律所控制。为此，首先对柴油机工作过程进行数学描述，编制计算程序，用计算机进行数值计算，求得柴油机内工质压力、温度、传热率、放热率等参数随曲轴转角的变化关系，最后求得柴油机的各项性能指标数值。

在开发新产品时，应用这一方法既可用于方案比较，获得优化设计参数；又可预测柴油机性能指标，为性能调试指明方向，减少试制费用，缩短研制周期。

2.1 柴油机工作过程的数学描述

2.1.1 基本方程

柴油机工作过程可用能量守恒方程、质量守恒方程和气体状态方程进行描述。为了计算方便，假设气缸内工质的状态是均匀的，也就是不考虑气缸内各点的压力、温度浓度的差异，并认为在进气期间，流入气缸内的新鲜空气与气缸内的残余废气实现瞬时完全混合；工质为理想气体，其比热、内能与气体温度和气体成分有关；气体流入或流出气缸为准稳定流动，且进出口动能忽略不计。

（1）能量守恒方程。根据热力学第一定律，给工质的加热量等于工质内能的增加与对外做膨胀功之和，它们都是曲柄转角 φ 的函数。即

$$\frac{\mathrm{d}Q_b}{\mathrm{d}\varphi} + h_2 \frac{\mathrm{d}m_e}{\mathrm{d}\varphi} = \frac{\mathrm{d}(mu)}{\mathrm{d}\varphi} + p\frac{\mathrm{d}V}{\mathrm{d}\varphi} + h\frac{\mathrm{d}m_a}{\mathrm{d}\varphi} + \frac{\mathrm{d}Q_\omega}{\mathrm{d}\varphi} \qquad (2-1)$$

在 $\mathrm{d}\varphi$ 曲柄转角内，外界输入给柴油机气缸内工质的热量即为燃油燃烧的热量 $\mathrm{d}Q_b$ 和进入气缸内的新鲜空气量所具有的焓 $h_2\mathrm{d}m_e$ 之和，这些热量在气缸中转换成工质内能的增量 $\mathrm{d}(mu)$，并对外做功 $p\mathrm{d}V$，另一部分热量 $\mathrm{d}Q_\omega$ 从气缸周壁散出，还有一部分 $h\mathrm{d}m_a$ 在排气过程中排出。

（2）质量守恒方程。气缸内气体质量的变化率 $\mathrm{d}m/\mathrm{d}\varphi$ 是由进入气缸内的新鲜空气流量 $\mathrm{d}Q_a/\mathrm{d}\varphi$ 所决定的。即

$$\frac{\mathrm{d}m}{\mathrm{d}\varphi} = \frac{\mathrm{d}m_b}{\mathrm{d}\varphi} + \frac{\mathrm{d}m_e}{\mathrm{d}\varphi} + \frac{\mathrm{d}m_a}{\mathrm{d}\varphi} \qquad (2-2)$$

（3）气体状态方程

$$pV = mRT \qquad (2-3)$$

式中　　Q_b——燃烧放出的热量，kJ；

$\qquad Q_w$——通过气缸周壁传入或传出的热量，kJ；

$\qquad m_e$——流入气缸内的空气质量；

$\quad h_2\mathrm{d}m_e$——在 $\mathrm{d}\varphi$ 期间流入微元质量 $\mathrm{d}m_e$ 所带入气缸的热量，kJ；

$\qquad m_a$——流出气缸的质量；

$\quad h\mathrm{d}m_a$——流出微元质量 $\mathrm{d}m_a$ 所带出气缸的能量，kJ；

$\qquad h_2$——进气门前的比焓，kJ/kg；

$\qquad h$——气缸内工质的比焓，kJ/kg；

$\qquad m_b$——喷入气缸内的瞬时燃油质量，kg；

$\qquad p$——缸内气体压力，MPa；

$\qquad T$——缸内气体温度，K；

$\qquad m$——缸内气体质量，kg。

对于柴油机气体成分可用过量空气系数 α 表示，即 $u = u(T, c)$，有

$$\frac{\mathrm{d}u}{\mathrm{d}\varphi} = \frac{\partial u}{\partial T} \cdot \frac{\mathrm{d}T}{\mathrm{d}\varphi} + \frac{\partial u}{\partial \alpha} \cdot \frac{\mathrm{d}\alpha}{\mathrm{d}\varphi} = C_v \frac{\mathrm{d}T}{\mathrm{d}\varphi} + \frac{\partial u}{\partial \alpha} \cdot \frac{\mathrm{d}\alpha}{\mathrm{d}\varphi}$$

应用 $\dfrac{\mathrm{d}(mu)}{\mathrm{d}\varphi} = u\dfrac{\mathrm{d}m}{\mathrm{d}\varphi} + m\dfrac{\mathrm{d}u}{\mathrm{d}\varphi} = u\dfrac{\mathrm{d}m}{\mathrm{d}\varphi} + mC\dfrac{\mathrm{d}T}{\mathrm{d}\varphi} + \dfrac{\partial u}{\partial \alpha} \times \dfrac{\mathrm{d}\alpha}{\mathrm{d}\varphi}$ 于式（2-1）有

$$\frac{\mathrm{d}T}{\mathrm{d}\varphi} = \frac{1}{mC_v}\left(\frac{\mathrm{d}Q_b}{\mathrm{d}\varphi} + h_2\frac{\mathrm{d}m_e}{\mathrm{d}\varphi} - u\frac{\mathrm{d}m}{\mathrm{d}\varphi} - p\frac{\mathrm{d}V}{\mathrm{d}\varphi} - h\frac{\mathrm{d}m_a}{\mathrm{d}\varphi} - \frac{\mathrm{d}Q_w}{\mathrm{d}\varphi} - m\frac{\partial u}{\partial \alpha} \times \frac{\mathrm{d}\alpha}{\mathrm{d}\varphi} \right) \qquad (2-4)$$

由此可求出气缸内工质的温度变化，应用气体状态方程便可求出缸内压力变化。

2.1.2　各阶段热力过程分析

柴油机整个工作循环可分为高压（压缩、燃烧、膨胀）和充量更换（排气、气门重叠和进气）阶段，在不同的阶段，工质的状态变化不同，其能量和质量守恒方程的表达形式亦不同。

1. 压缩期（$\varphi_{ES} < \varphi < \varphi_{VB}$）

压缩期是从气门关闭时起到燃烧开始时止。此时进、排气门均处于关闭状态。若不计漏气损失，并假定只有在燃烧始点才有燃油喷入气缸，则缸内工质质量保持不变，故 $\mathrm{d}m_e/\mathrm{d}\varphi = \mathrm{d}m_a/\mathrm{d}\varphi = \mathrm{d}m/\mathrm{d}\varphi = 0$，又压缩期间无任何气体流入气缸内与工质混合及燃烧反应，即 $\alpha = \mathrm{const}$，$\mathrm{d}\alpha/\mathrm{d}\varphi = 0$ 及 $\mathrm{d}Q_b/\mathrm{d}\varphi = 0$，故式（2-4）可简化为

$$\frac{\mathrm{d}T}{\mathrm{d}\varphi} = \frac{1}{mC_v}\left(\frac{\mathrm{d}Q_w}{\mathrm{d}\varphi} - p\frac{\mathrm{d}V}{\mathrm{d}\varphi} \right) \qquad (2-5)$$

2. 燃烧期（$\varphi_{VB} < \varphi < \varphi_{VE}$）

在燃烧期间，$\mathrm{d}m_e/\mathrm{d}\varphi = \mathrm{d}m_a/\mathrm{d}\varphi = 0$，但有燃料喷入气缸，故质量守恒方程变为

$$\frac{\mathrm{d}m}{\mathrm{d}\varphi} = \frac{\mathrm{d}m_b}{\mathrm{d}\varphi} \tag{2-6}$$

按代用燃烧规律进行喷油，设滞燃期为零，亦即喷油规律与代用燃烧规律成正比，则气缸内的燃油质量变化率 $\dfrac{\mathrm{d}m_{be}}{\mathrm{d}\varphi}$ 为

$$\frac{\mathrm{d}m_{be}}{\mathrm{d}\varphi} = \frac{1}{Hu} \times \frac{\mathrm{d}Q_b}{\mathrm{d}\varphi} \tag{2-7}$$

设残余废气量所相当的燃油量为 m_{br}，则气缸内瞬时燃油质量为

$$m_b(\varphi) = m_{be} + m_{br} = \frac{1}{Hu}\int_{\varphi_{vB}}^{\varphi} \frac{\mathrm{d}Q_b}{\mathrm{d}\varphi}\mathrm{d}\varphi + m_{br} \tag{2-8}$$

气缸内工质质量 m 为空气质量 m_l 与燃油质量 $m_b(\varphi)$ 之和，即

$$m = m_l + m_b(\varphi) \tag{2-9}$$

由于燃烧使过量空气系数 α 不断变化，其值可按下式计算

$$\alpha = \frac{m_l}{L_0 m_b} \tag{2-10}$$

$$\frac{\mathrm{d}\alpha}{\mathrm{d}\varphi} = \frac{1}{L_0}\left(\frac{\mathrm{d}m_l}{\mathrm{d}\varphi} - \frac{m_l}{m_b} \times \frac{\mathrm{d}m_B}{\mathrm{d}\varphi}\right) \tag{2-11}$$

式中　L_0——1kg 燃油完全燃烧所需要的理论空气量，对于轻型柴油机 $L_0 = 14.4$kg 空气/kg 柴油。

在燃烧期间 $m_l = \mathrm{const}$，则 $\mathrm{d}m_l/\mathrm{d}\varphi = 0$，故

$$\frac{\mathrm{d}\alpha}{\mathrm{d}\varphi} = -\frac{m_l}{L_0 m_b Hu} \times \frac{\mathrm{d}Q_b}{\mathrm{d}\varphi} \tag{2-12}$$

因而在燃烧过程中式（2-4）变为

$$\frac{\mathrm{d}T}{\mathrm{d}\varphi} = \frac{1}{mC_v}\left(\frac{\mathrm{d}Q_b}{\mathrm{d}\varphi} + \frac{\mathrm{d}Q_\omega}{\mathrm{d}\varphi} - p\frac{\mathrm{d}V}{\mathrm{d}\varphi} - u\frac{\mathrm{d}m}{\mathrm{d}\varphi} - m\frac{\partial u}{\partial \alpha} \times \frac{\mathrm{d}\alpha}{\mathrm{d}\varphi}\right) \tag{2-13}$$

3. 膨胀期（$\varphi_{VE} < \varphi < \varphi_{A0}$）

在膨胀期间工质质量不变，但数量上比压缩期多一个循环的喷油量 m_{b0}，即 $m = m_l + m_{b0} + M_{br} = \mathrm{const}$，$\mathrm{d}m/\mathrm{d}\varphi = 0$，$\alpha = \mathrm{const}$，$\mathrm{d}\alpha/\mathrm{d}\varphi = 0$，能量方程与压缩过程时的一样。故式（2-4）变为

$$\frac{\mathrm{d}T}{\mathrm{d}\varphi} = \frac{1}{mC_v}\left(\frac{\mathrm{d}Q_\omega}{\mathrm{d}\varphi} - p\frac{\mathrm{d}V}{\mathrm{d}\varphi}\right) \tag{2-14}$$

4. 换气期（$\varphi_{A0} < \varphi < \varphi_{ES}$）

在换气期间无燃烧反应，则 $\mathrm{d}Q_b/\mathrm{d}\varphi = 0$，因此换气期间的能量方程和质量守恒方程分别为

$$\frac{\mathrm{d}T}{\mathrm{d}\varphi} = \frac{1}{mC_v}\left(\frac{\mathrm{d}Q_\omega}{\mathrm{d}\varphi} - p\frac{\mathrm{d}V}{\mathrm{d}\varphi} + h_2\frac{\mathrm{d}m_e}{\mathrm{d}\varphi} + h\frac{\mathrm{d}m_a}{\mathrm{d}\varphi} - u\frac{\mathrm{d}m}{\mathrm{d}\varphi} - m\frac{\partial u}{\partial \alpha} \times \frac{\mathrm{d}\alpha}{\mathrm{d}\varphi}\right) \tag{2-15}$$

$$\frac{\mathrm{d}m}{\mathrm{d}\varphi} = \frac{\mathrm{d}m_e}{\mathrm{d}\varphi} + \frac{\mathrm{d}m_a}{\mathrm{d}\varphi} \tag{2-16}$$

2.2 $\dfrac{\mathrm{d}Q_b}{\mathrm{d}\varphi}$、$\dfrac{\mathrm{d}Q_w}{\mathrm{d}\varphi}$、$\dfrac{\mathrm{d}m_e}{\mathrm{d}\varphi}$、$\dfrac{\mathrm{d}m_a}{\mathrm{d}\varphi}$、$\dfrac{\mathrm{d}V}{\mathrm{d}\varphi}$、$U$ 及 C_v 的确定

2.2.1 放热规律 $\mathrm{d}Q_b/\mathrm{d}\varphi$

气缸中燃油燃烧时的瞬时放热率 $\mathrm{d}Q_b/\mathrm{d}\varphi$ 与累积放热百分比 x 按下式确定

$$\frac{\mathrm{d}Q_b}{\mathrm{d}\varphi}=Hum_{b0}\eta_u\frac{\mathrm{d}x}{\mathrm{d}\varphi} \tag{2-17}$$

$$x=\frac{Q_b}{Q_{b0}}=\frac{m_b}{\eta_u m_{b0}} \tag{2-18}$$

式中　Q_b——瞬时燃烧放热量；

　　　Q_{b0}——循环燃油燃烧放热量；

　　　m_b——瞬时已燃烧的燃油量；

　　　m_{b0}——每个循环喷油量；

　　　η_u——燃烧效率，忽略不完全燃烧和高温分解的热损失，取 $\eta_u=1$；

　　　x——燃油燃烧累积放热百分比，当 $\eta_u=1$ 时，即已燃烧的燃油量与循环喷油量之比。

进行循环模拟计算时，采用韦伯放热函数，即

$$x=1-\exp[(-6.908y)^{m+1}]$$

$$\frac{\mathrm{d}x}{\mathrm{d}\varphi}=6.908y(m+1)y^m\exp[(-6.908y)^{m+1}] \tag{2-19}$$

$$y=\frac{\varphi-\varphi_{VB}}{\varphi_{VE}-\varphi_{VB}}=\frac{\varphi-\varphi_{VB}}{\Delta\varphi} \tag{2-20}$$

式中　　　y——无因次时间函数；

φ、φ_{VB}、φ_{VE}——瞬时曲柄转角、燃烧始点和燃烧终点的曲柄转角，°CA；

　　　m——燃烧品质指数，其数值大小直接影响到燃烧放热曲线的现状，高速柴油机取 $m=0.1\sim0.2$。

将式（2-19）代入式（2-17）得

$$\frac{\mathrm{d}Q_b}{\mathrm{d}\varphi}=6.908Hum_{b0}\eta_u(m+1)y^m\exp[(-6.908y)^{m+1}]$$

$$=6.908\frac{Hum_{b0}\eta_u}{\Delta\varphi}(m+1)\left(\frac{\varphi-\varphi_{VB}}{\Delta\varphi}\right)^m\exp\left[-6.908\left(\frac{\varphi-\varphi_{VB}}{\Delta\varphi}\right)^{m+1}\right] \tag{2-21}$$

韦伯代用燃烧规律在变工况时燃烧品质指数 m、燃烧持续期 $\Delta\varphi$ 及燃烧始点曲柄转角 φ_{VB} 的计算公式为

$$m=m_{b0}\left(\frac{\varphi_{i0}}{\Delta\varphi_i}\right)^{0.5}\left(\frac{n_0}{n}\right)^{0.3}\frac{p_a}{p_{a0}}\times\frac{T_{a0}}{T_a} \tag{2-22a}$$

$$\Delta\varphi=\Delta\varphi_0\left(\frac{\alpha_0}{\alpha}\right)^{0.6}\left(\frac{n}{n_0}\right)^{0.5} \tag{2-22b}$$

2.2 $\dfrac{\mathrm{d}Q_b}{\mathrm{d}\varphi}$、$\dfrac{\mathrm{d}Q_w}{\mathrm{d}\varphi}$、$\dfrac{\mathrm{d}m_e}{\mathrm{d}\varphi}$、$\dfrac{\mathrm{d}m_a}{\mathrm{d}\varphi}$、$\dfrac{\mathrm{d}V}{\mathrm{d}\varphi}$、$U$ 及 C_v 的确定

$$\varphi_{VB} = \varphi_g + \Delta\varphi_{VE} + \Delta\varphi_i \qquad (2-22c)$$

式中　p_a——计算开始点的气缸压力，MPa；

$\quad\quad T_a$——计算开始点的温度，K；

$\quad\quad \varphi_g$——几何供油始点的曲柄转角，°CA；

$\quad\Delta\varphi_{VE}$——喷油延迟角，°CA；

$\quad\Delta\varphi_i$——滞燃期所占的曲柄转角，°CA；

$\quad\quad \alpha$——过量空气系数。

以上各式中有下标 0 的表示设计工况的参数，其余为任意工况参数。

几何供油始点角 φ_g 随工况的变化关系，可以从柴油机供油系统的结构参数求得。喷油延迟 $\Delta\varphi_{VE}$ 主要根据压力波及传播的时间计算。即

$$\Delta\varphi_{VE} = 6n\frac{L}{a} \qquad (2-23)$$

式中　L——高压油管长度，m；

$\quad\quad a$——声速，$a = 1300 \sim 1400\mathrm{m/s}$；

$\quad\quad n$——柴油机转速，r/min。

当喷油系统中剩余压力大于零时，$\Delta\varphi_{VE}$ 只随转速变化。因此

$$\Delta\varphi_{VE} = \Delta\varphi_{EV}\frac{n}{n_A} \qquad (2-24)$$

滞燃期 t_i 的计算采用希特凯（Sitkei）公式

$$t_i = 0.5 + 0.135 \times \frac{\mathrm{e}^{7800/RT}}{(0.1p)^{0.7}} + 4.8 \times \frac{\mathrm{e}^{7800/RT}}{(0.1p)^{-1.8}} \times 10^{-3} \qquad (2-25)$$

式（2-25）中的压力 p 及温度 T 用滞燃期中的平均值 p_m 及 T_m 代人，R 为通用气体常数，$R = 8.314\mathrm{kJ/(kmol \cdot K)}$，然后应用 $\varphi = 6nt_i$ 的关系进行转换。

2.2.2 传热规律 $\mathrm{d}Q_w/\mathrm{d}\varphi$

$\mathrm{d}Q_w/\mathrm{d}\varphi$ 的数值按牛顿冷却定律计算，即

$$\frac{\mathrm{d}Q_w}{\mathrm{d}\varphi} = \frac{1}{6n}\sum_{i=1}^{0} a_{gi}T_i(T - T_{wi})(\mathrm{J/°CA}) \qquad (2-26)$$

式中　T——气缸内工质温度，K；

$\quad\quad T_{wi}$——传热表面积的平均温度，K；

$\quad\quad a_g$——传热系数，$\mathrm{W/(m^2 \cdot K)}$；

$i = 1$，2，3——活塞顶、气缸盖和气缸。

传热面积 F_1 与 F_2 分别是气缸盖底与活塞顶的表面积，即 $\pi D^2/4$，而气缸的传热面积 F_3 由下式确定

$$F_3 = \frac{\pi}{2}D\left[1 - \cos\varphi + \frac{1}{\lambda}(1 - \sqrt{1 - \lambda^2\sin^2\varphi})\right] \qquad (2-27)$$

传热系数 a_g 采用 Sitkei 对于涡流室柴油机公式计算

$$a_g = 2.8 \times 10^{-4} p^{0.7} C_m^{-0.7} T^{0.2} d_e^{-0.3} [\mathrm{kW/(m^2 \cdot K)}] \tag{2-28}$$

式中　p——气缸内工质压力，MPa；

　　　T——气缸内工质温度，K；

　　　C_m——活塞平均速度，m/s；

　　　d_e——当量直径，m，$d_e = 2hD(D+2h)$，其中 D 为气缸直径，m；h 为活塞上空高度，m。

2.2.3　进气流量率 $\mathrm{d}m_e/\mathrm{d}\varphi$ 与排气流量率 $\mathrm{d}m_a/\mathrm{d}\varphi$

进排气流量率按气体流量方程计算

$$\frac{\mathrm{d}m}{\mathrm{d}\varphi} = \mu \frac{f\phi}{6n} \sqrt{2p_1\rho_1} \ (\mathrm{kg/^\circ C}) \tag{2-29}$$

式中　f——几何流通截面积，$\mathrm{m^2}$；

　　　μ——流量系数，$\mu = 0.95 - 3.3(l_v/d_v)^2$（$l_v$，$d_v$ 分别为气门升程与直径）；

　　　ϕ——流动函数，其值按下式计算。

当 $p_2/p_1 > (2/k+1)^{k/(k-1)}$ 时，为亚临界流动

$$\phi = \sqrt{\frac{k}{k-1}\left[\left(\frac{p_2}{p_1}\right)^{2/k} - \left(\frac{p_2}{p_1}\right)^{(k+1)/k}\right]} \tag{2-30}$$

当 $p_2/p_1 \leqslant [2/(k+1)]^{1/(k-1)}$ 时，为超临界流动

$$\phi = \left(\frac{2}{k+1}\right)^{1/(k-1)} \sqrt{\frac{k}{k+1}} \tag{2-31}$$

式中的下标 1，2 分别表示节流位置前（进口）和节流位置后（出口）的状态。几何流动截面积 f 采用 Meuer 公式计算

$$f = l_v\cos\theta(d_v + l_v\sin\theta\cos\theta) \tag{2-32}$$

式中　l_v——气门升程，m；

　　　θ——气门座角，$\theta = 45^\circ$；

　　　d_v——气门直径，m。

2.2.4　气缸容积变化率 $\mathrm{d}V/\mathrm{d}\varphi$

气缸瞬时容积为压缩余隙容积 V_c 与活塞上空容积之和，活塞瞬时位移 $S(\varphi)$ 由曲柄连杆机构运动学确定，则

$$\begin{aligned}
V_\varphi &= V_c + \frac{\pi}{4}D^2 \cdot S(\varphi) \\
&= \frac{V_h}{\varepsilon-1} + \frac{\pi}{4}D^2 \cdot S(\varphi) \\
&= \frac{V_h}{\varepsilon-1} + \frac{\pi}{4}D^2 \cdot \frac{S}{2}\left(1 - \cos\varphi + \frac{\lambda}{2}\sin^2\varphi\right)
\end{aligned} \tag{2-33}$$

式中　V_h——气缸工作容积，$\mathrm{m^2}$；

　　　D——气缸直径，m；

S——活塞行程，m；

ε——压缩比；

λ——连杆比。

由于 $V_c = \mathrm{const}$，则 $\mathrm{d}V/\mathrm{d}\varphi$ 为

$$\frac{\mathrm{d}V}{\mathrm{d}\varphi} = \frac{V_h}{2}\left[\sin\left(\frac{\pi}{180}\varphi\right) + \frac{\lambda}{2} \times \frac{\sin\left(\frac{\pi}{180}2\varphi\right)}{\sqrt{1 - \lambda^2 \sin^2\left(\frac{\pi}{180}\varphi\right)}}\right] \quad (2-34)$$

2.2.5 比内能 u 及 $\partial u/\partial \alpha$

根据 Justi 的比热数据，将比内能 u 的计算公式整理为

$$u = 0.145\left[-\left(0.0975 + \frac{0.0485}{\alpha^{0.75}}\right)(T-273)^3 \times 10^{-6} + \left(7.768 + \frac{3.36}{\alpha^{0.8}}\right)(T-273)^2 \times 10^{-4}\right.$$
$$\left.+ \left(489.6 + \frac{46.4}{\alpha^{0.93}}\right)(T-273) \times 10^{-2} + 135.8\right] \quad (2-35)$$

$$\frac{\partial u}{\partial \alpha} = \left[0.75 \times \frac{0.0485}{\alpha^{0.75}}(T-273)^3 \times 10^{-6} - 0.8 \times \frac{3.36}{\alpha^{0.8}}(T-273)^2 \times 10^{-4}\right.$$
$$\left.- 0.93 \times \frac{46.4}{\alpha^{0.93}}\left(T-273 \times 10^2 - \frac{46.9}{\alpha}\right)\right] \times \frac{1}{\alpha} \times 0.14455 \quad (2-36)$$

2.2.6 定容比热 C_V

对式（2-34）求导得 C_V

$$C_V = \frac{\partial u}{\partial T_v} = 0.14455\left[-3 \times \left(0.0975 + \frac{0.0485}{\alpha^{0.75}}\right) \times (T-273)^2 \times 10^{-6}\right.$$
$$\left.+ 2 \times \left(7.768 + \frac{3.36}{\alpha^{0.8}}\right) \times (T-273) \times 10^{-4} + \left(489.6 + \frac{46.4}{\alpha^{0.93}}\right) \times 10^{-2}\left[\mathrm{kJ/(kg/K)}\right]\right.$$
$$\quad (2-37)$$

2.3 柴油机性能参数的计算

（1）循环指示功 W_i。

$$W_i = \int p\,\mathrm{d}V(\mathrm{kJ}) \quad (2-38)$$

（2）平均指示压力 p_i。

$$p_i = W_i/10V_h(\mathrm{MPa}) \quad (2-39)$$

（3）指示热效率 η_i。

$$\eta_i = \frac{W_i}{Q_{b0}} \quad (2-40)$$

（4）指示燃油消耗率 g_i。

$$g_i = 3.6 \times 10^6 \frac{Q_{b0}}{H_u \cdot W_i} [\text{g/(kW} \cdot \text{h)}] \tag{2-41}$$

（5）平均机械损失压力 p_m。

$$p_m = 0.0755 + 0.284 \times 10^{-4} n + 0.315 \times 10^{-2} \varepsilon + 0.765 \times 10^{-3} C_m (\text{MPa}) \tag{2-42}$$

（6）机械效率 η_m。

$$\eta_m = \frac{p_i - p_m}{p_i} \tag{2-43}$$

（7）有效热效率 η_e。

$$\eta_e = \eta_i \eta_m \tag{2-44}$$

（8）平均有效压力 p_e。

$$p_e = p_i - p_m (\text{MPa}) \tag{2-45}$$

（9）有效燃油消耗率 g_e。

$$g_e = g_i / \eta_m [\text{g/(kW} \cdot \text{h)}] \tag{2-46}$$

（10）柴油机的有效功率 p。

$$p = \frac{p_e i V_h n}{120} (\text{kW}) \tag{2-47}$$

式中　　p_e——平均有效压力，MPa；

$\quad\quad i$——气缸数目，个；

$\quad\quad V_h$——气缸工作容积，L；

$\quad\quad n$——柴油机转速，r/min。

2.4　输入的柴油机主要技术参数

（1）气缸直径 D。
（2）活塞行程 S。
（3）柴油机转速 n。
（4）连杆比 $\lambda = R/L$。
（5）压缩比 ε。

2.5　计　算　结　果

将上述微分方程采用龙格-库塔法求解。编制计算程序。气缸内工质压力、温度、放热率、传热率随曲柄转角变化的数值见表 2-1，变化规律如图 2-1 所示。柴油机性能参数计算值见表 2-2。

从计算结果与实际测试结果的对比来看，二者基本上一致，其压力、温度、传热率的变化规律也是符合实际的。

表 2-1 柴油机气缸内工质压力 p、温度 T、传热率 $dQ_w/d\varphi$、放热率 $dQ_b/d\varphi$ 计算值

φ (℃A)	p (MPa)	T (K)	$dQ_w/d\varphi$ (kJ/℃A)	$dQ_b/d\varphi$ (kJ/℃A)
-130	0.11185	402.02890	-2.68127E-006	0
-120	0.11672	406.19140	-2.55879E-006	0
-110	0.13711	422.16160	-1.89452E-006	0
-100	0.15752	436.30650	-1.29084E-006	0
-90	0.18644	453.98560	-5.10547E-007	0
-80	0.22839	476.06920	5.15731E-007	0
-70	0.29131	503.73710	1.90649E-006	0
-60	0.38653	538.60830	3.87731E-006	0
-50	0.55127	582.90050	6.84577E-006	0
-40	0.83245	639.52030	1.16678E-005	0
-30	1.34818	711.56770	2.01440E-005	0
-20	2.30108	799.07460	3.57247E-005	0
-15	2.99372	845.05910	4.74432E-005	0
-10	3.76850	886.63220	6.86406E-005	0
-5	4.58978	948.72970	8.54090E-005	3.65778E-002
0	5.98054	1173.84800	1.42747E-004	8.42349E-003
5	6.96612	1424.26600	2.08550E-004	9.15666E-003
8	7.08452	1546.45300	2.34605E-004	1.04262E-002
10	7.03859	1626.57700	2.48466E-004	1.04262E-002
13	6.82505	1744.19100	2.64879E-004	1.08968E-002
15	6.59753	1816.39200	2.72247E-004	1.07358E-002
19	5.99591	1936.26100	2.77688E-004	9.58837E-003
20	5.82573	1960.32000	2.77255E-004	9.18211E-003
25	4.93764	2044.03400	2.66805E-004	6.84239E-003
30	4.08904	2072.93100	2.47565E-004	4.54485E-003
31	3.93176	2073.29900	2.43195E-004	4.13553E-003
35	3.35412	2060.89900	2.25177E-004	2.72623E-003
40	2.75162	2023.06800	2.03214E-004	1.48940E-003
45	2.27214	1971.99300	1.83472E-004	7.45493E-004
50	1.89573	1916.39700	1.66565E-004	3.43379E-004
55	1.60114	1861.46000	1.52455E-004	1.46046E-004
60	1.36969	1809.72100	1.40805E-004	0
70	1.03944	1718.04800	1.30504E-004	0
80	0.82504	1643.79400	1.16026E-004	0
90	0.68204	1583.27200	1.03650E-004	0
100	0.57934	1533.76400	9.67451E-004	0
110	0.50737	1493.23500	9.15321E-004	0
120	0.45524	1460.13600	8.75319E-004	0
130	0.41719	1433.27000	8.44330E-004	0

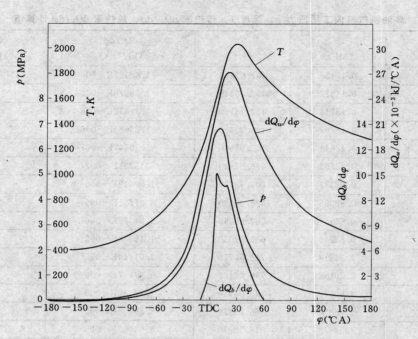

图 2-1　柴油机气缸内工质压力 p、温度 T、传热率 $dQ_w/d\varphi$、
放热率 $dQ_b/d\varphi$ 随曲柄转角 φ 的变化关系

表 2-2　　　　　　　　　　　柴油机主要性能参数计算值

序号	参　数	符号	数值	单位
1	平均指示压力	p_i	751	kPa
2	指示热效率	η_i	0.431	
3	平均机械损失压力	p_m	220	kPa
4	机械效率	η_m	0.708	
5	平均有效压力	p_e	539	kPa
6	指示燃油消耗率	g_i	195.5	g/(kW·h)
7	有效热效率	η_e	0.305	
8	充量系数	η_v	0.89	
9	有效燃油消耗率	g_e	267.2	g/(kW·h)
10	有效功率	p	2.29	kW

第3章 内燃机的平衡计算与分析

由于发动机承受交变的激励力作用，因此会产生振动。发动机所受的激励力可能是随机的、也可能是频率与幅值恒定的作用力。发动机内部产生的激励力在给定发动机转速和负荷下是恒定的，但当发动机转速（旋转和往复惯性力）和负荷（气体压力）变化时，其振动激励力是变化的。由于发动机振动的激励力频率与转速密切相关，通常把振动阶次定义为与转速相关的频率，第一阶振动是由发动机每转一转所产生的激励力作用产生的，第1/2阶振动是每两转发生的振动，第二阶振动是指每转发生两次的振动，以此类推。

在评价发动机振动时通常使用直角坐标系，作用在发动机上的力试图使发动机产生3个沿坐标轴方向的直线运动和绕3个坐标轴的旋转运动。发动机通过支架安装在车辆上，因此发动机产生的力或力矩通过支架作用在车辆上。只有沿每一个坐标轴上的作用力之和与绕每一个坐标轴的力矩之和为零，才能不会有振动传递到车辆上。

发动机同时承受离心惯性力和往复惯性力的作用。由于发动机行程的要求，曲轴上的曲柄销和连杆必须距曲轴中心线有一定距离，当曲轴旋转时，这部分质量会产生离心惯性力，其大小与发动机转速、曲柄半径、不平衡质量相关。离心惯性力通过主轴承盖作用在发动机机体上，可能会使机体发生变形。在多缸发动机上多个离心惯性力同时作用在各个曲柄销上，会产生幅值和方向与曲柄销方向有关的力矩。另外，由于活塞的加速和减速运动还会产生往复惯性力，往复惯性力沿着气缸中心线方向，大小随曲轴转角而变化。另外，发动机在工作过程中的气体力也通过活塞与连杆作用在曲轴上。

3.1 曲柄连杆机构的受力分析

本节利用力学基本理论分析作用在曲柄连杆机构主要零件上的受力情况，以此作为零部件强度、刚度和磨损等问题研究的依据。

3.1.1 气体压力 p_z

作用在活塞上的气体压力是随曲轴转角而变化的。在示功图上用曲线 $p_z = f_z(\alpha)$ 表示出了它们之间的关系，纵坐标代表气缸内气体压力，横坐标代表曲轴转角。示功图是进行力分析的重要依据，可通过实测或工作过程计算获得。

在图 3-1 上曲线 p_z 就是展开的示功图，由这一曲线可以算出在任意曲轴转角处作用在活塞上的气体压力 p_z。

$$P_z = p_z A_h$$

其中

$$A_h = \frac{\pi}{4} D^2$$

式中　A_h——活塞顶在垂直于气缸中心线的平面上的投影面积。

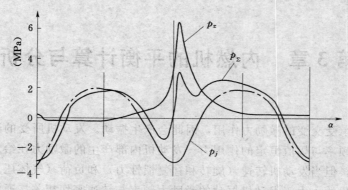

图 3-1　气体力 p_z、惯性力 p_j、合力 p_Σ 曲线

注意，气体压力的作用力不是自由力，因为它是同时作用在燃烧室的顶部和活塞顶上的，它们之间大小相等方向相反，是互相平衡的，因此对内燃机来说，它并不引起整机的振动。但是，如果燃烧粗暴，缸内气体压力的变化过于剧烈时，或者是燃烧室壁、连杆、曲轴等零件的刚度不够时，这种周期性变化的气体作用力会使这些零件由于弹性变形而产生高频振动。

3.1.2　力的分析

在图 3-1 上绘出了作用在活塞销上的往复惯性力的曲线 $p_j = f_j(\alpha)$，以及气体作用力和往复惯性力的合力的曲线 $p_\Sigma = f_\Sigma(\alpha)$，其中

$$p_\Sigma = p_z + p_j \tag{3-1}$$

应该注意，在这里，p_j 是指作用于每单位活塞面积的惯性力。

合力 p_Σ 是沿气缸中心线方向作用的。此力可以分解成两个分力：沿连杆轴线作用的力 K 和把活塞压向气缸壁的侧向力 N，如图 3-2 所示。

沿连杆的作用力

$$K = p_\Sigma \frac{1}{\cos\beta} \tag{3-2}$$

侧向力

$$N = p_\Sigma \tan\beta \tag{3-3}$$

力 K 通过连杆作用在曲轴的曲柄销上。此力也应分解成两个分力，即推动曲轴旋转的切向力

$$T = K\sin(\alpha+\beta) = p_\Sigma \frac{\sin(\alpha+\beta)}{\cos\beta} \tag{3-4}$$

和压缩曲柄臂的径向力

$$Z = K\cos(\alpha+\beta) = p_\Sigma \frac{\cos(\alpha+\beta)}{\cos\beta} \tag{3-5}$$

图 3-2　曲柄连杆机
构的受力图

作用于曲拐上的切向力 T 和径向力 Z 的变化曲线如图 3-3 所示。

以上各式所定义的力 K、N、T 和 Z 等都是核算成单位活塞面积的量，单位为 MPa。力 T 顺曲轴旋转方向为正，力 Z 指向曲轴中心为正。

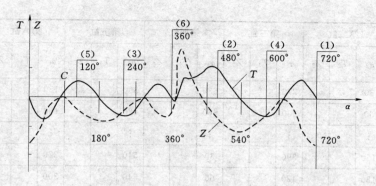

图 3-3 切向力和径向力的变化曲线

作用在一个曲拐上的扭矩（每单位活塞面积的扭矩，单位为 N·m/m²）为

$$M = TR \qquad (3-6)$$

曲线 M 的形状与图 3-3 上所示曲线 T 的形状是相同的，因为两者之间的区别只是前者为后者的 R 倍，而 R（曲柄半径）是一常数。由此可见，作用在曲拐上的扭矩也是周期变化的。

由图 3-2 可以看出，当曲拐在扭矩 $M = TR$ 的作用下沿顺时针方向旋转时，内燃机的机体却在力矩 NB 的作用下，有沿逆时针倾倒的倾向。力矩 NB 称为倾复力矩。为了不使机器倾倒，必须将机器可靠地固定在机架上。

可以证明，在任何瞬时，倾覆力矩 NB 和扭矩 M 都是大小相等方向相反的，因此力矩 NB 也具有周期变化的性质。此力矩作用在内燃机的机体和机架上，会使内燃机产生绕曲轴中心线的摇摆振动。

以上讨论了单缸内燃机的情况。在多缸内燃机上，应将作用在各个曲拐上的切向力 T 叠加起来，以便求算作用在整根曲轴上的总切向力 T_Σ 和曲轴的总输出扭矩 $M_\Sigma = T_\Sigma R$。

现以直列式 6 缸内燃机为例说明叠加的方法。曲轴的曲柄布置如图 3-4 所示，发火次序是 1—4—2—6—3—5。当第一拐的转角 $\alpha_1 = 0$ 时，其他各拐的转角分别是 $\alpha_2 = 240°$，$\alpha_3 = 480°$，…见表 3-1。

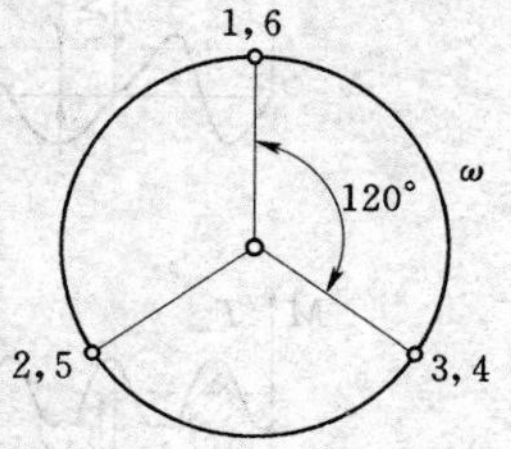

图 3-4 曲柄布置图

表 3-1　　　　　　　　　　曲轴各拐切向力的叠加

第一缸			第二缸			第三缸			第四缸			第五缸			第六缸			总切向力
α_1	T_1	Z_1	α_2	T_2	Z_2	α_3	T_3	Z_3	α_4	T_4	Z_4	α_5	T_5	Z_5	α_6	T_6	Z_6	$T_\Sigma \sum\limits_{i=1}^{6} T_i$
0			240			480			120			600			360			
30			270			510			150			630			390			
60			300			540			180			660			420			
⋮			⋮			⋮			⋮			⋮			⋮			
480			0			240			600			360			120			

第一缸			第二缸			第三缸			第四缸			第五缸			第六缸			总切向力
α_1	T_1	Z_1	α_2	T_2	Z_2	α_3	T_3	Z_3	α_4	T_4	Z_4	α_5	T_5	Z_5	α_6	T_6	Z_6	$T_\Sigma \sum\limits_{i=1}^{6} T_i$
510			30			270			630			390			150			
540			60			300			660			420			180			
⋮			⋮			⋮			⋮			⋮			⋮			
630			150			390			30			510			270			
660			180			420			60			540			300			
690			210			450			90			570			330			

与表中 α 值相对的切向力 T 和径向力 Z，可以根据式（3-4）和式（3-5）计算出来，也可以根据图3-3查出，并逐项的填入表3-1中。把表中同一横列中的各 T 值加在一起即得总切向力 T_Σ。如以第一拐的转角 α_1 代表整根曲轴的转角，则由这个表就可以求出总切向力 T_Σ 随曲轴转角而变的关系。这关系也可以用绘曲线的方式表示出来，如图3-5（c）所示。

由于直列6缸四冲程机的发火间隔角是120°曲轴转角，所以从图3-5可以看出，曲轴的总切向力曲线也是以120°曲轴转角为周期循环反复变化的。

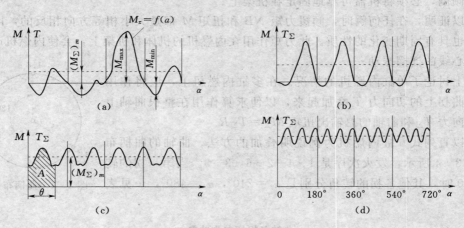

图 3-5　四冲程内燃机扭矩曲线
(a) 单缸机；(b) 4缸机；(c) 6缸机；(d) V型12缸机

求出在一个周期 $\theta = 120°$ 范围内总切力 T_Σ 的曲线下面所包括的面积 A，并求出该面积在同范围内的平均高度，就求得该曲轴的平均切向力 $(T_\Sigma)_m$

$$(T_\Sigma)_m = \frac{A}{\theta} \tag{3-7}$$

内燃机的总平均扭矩等于

$$(M_\Sigma)_m = (T_\Sigma)_m R (\text{N} \cdot \text{m/m}^2) \tag{3-8}$$

如果内燃机曲轴的转速是 $n(\text{r}/\text{min})$，则该内燃机的功率为

$$p_i = \frac{(M_\Sigma)_m n A_h \pi}{30000} \ (\text{kW}) \tag{3-9}$$

由于在求总平均扭矩 $(M_\Sigma)_m$ 的过程中，并未考虑各种机械损失，所以上式算出的功率应该是指示功率，而有效功率等于

$$p_e = p_i \eta_m (\text{kW}) \tag{3-10}$$

式中　η_m——机械效率，对于柴油机 $\eta_m = 0.75 \sim 0.90$；对于汽油机 $\eta_m = 0.70 \sim 0.87$。

3.2　曲轴的平衡分析

3.2.1　单缸内燃机曲轴的平衡

活塞-曲柄机构各个运动零件的质量可以归结为两个运动质量：作用在活塞销中心上并沿气缸作往复直线运动的质量 m_j 和作用在连杆轴颈中心上并沿圆周作回转运动质量 m_r。它们在运动中都要产生惯性力，并且是发动机运转中产生振动的自由力。

3.2.1.1　往复惯性力 P_j

作用在活塞中心上的质量 m_j 在作不等速往复运动时会产生惯性力

$$P_j = -m_j a$$

$$P_j = -m_j R \omega^2 (\cos\alpha + \lambda \cos 2\alpha) \tag{3-11}$$

P_j 是沿气缸中心线方向作用的，公式前面的负号表示 P_j 的方向总是与活塞加速度 a 的方向相反。式（3-11）可改写成如下形式

$$P_j = P_{i\mathrm{I}} + P_{i\mathrm{II}}$$

其中

$$P_{j\mathrm{I}} = m_j R \omega^2 \cos\alpha = A_{j\mathrm{I}} \cos\alpha \tag{3-12}$$

称为一级往复惯性力。

$$P_{j\mathrm{II}} = m_j R \omega^2 \lambda \cos 2\alpha = A_{j\mathrm{II}} \cos 2\alpha \tag{3-13}$$

称为二级往复惯性力。

其中

$$A_{j\mathrm{I}} = m_j R \omega^2 \tag{3-14}$$

$$A_{j\mathrm{II}} = m_j R \omega^2 \lambda \tag{3-15}$$

在这里，$A_{j\mathrm{I}}$ 可想象为一个沿着曲拐方向作用，并与曲拐一起以角速度 ω 旋转的矢量 $A_{j\mathrm{I}}$，如图 3-6（a）所示。这样，根据式（3-12），一级往复惯性力 $P_{j\mathrm{I}}$ 就可以想象为矢量 $A_{j\mathrm{I}}$ 在气缸中心线上的投影。由于 $P_{j\mathrm{I}}$ 的变化频率与曲拐的转速相同，故称为一级往复惯性力，而 $A_{j\mathrm{I}}$ 称为一级往复惯性力的幅值。

同样的，根据式（3-13），二级往复惯性力 $P_{j\mathrm{II}}$ 可想象为，是一个以两倍的曲拐旋转角速度 2ω 旋转的矢量 $A_{j\mathrm{II}}$ 在气缸中心线上的投影，如图 3-6（b）所示。在这里，只有

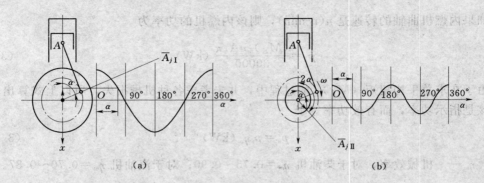

图 3-6　一级和二级往复惯性力的矢量图

当曲拐转角 $\alpha=0$ 时，矢量 $A_{j\mathrm{II}}$ 与曲拐的方向相重合。由于 $P_{j\mathrm{II}}$ 的变化频率是曲拐转速的两倍，故称为二级往复惯性力，而 $A_{j\mathrm{II}}$ 称为二级往复惯性力的幅值。

比较式（3-14）与式（3-15）可以看出，由于 λ 值一般在 1/5～1/3 范围内，所以二级往复惯性力的幅值一般只是一级往复惯性力的 1/5～1/3。

在图 3-6 上示出了惯性力 $P_{j\mathrm{I}}$ 和 $P_{j\mathrm{II}}$ 的大小和方向随曲拐转角 α 而变的关系曲线。在这里，力的方向是取自活塞销中心 A 指向曲拐中心 O 为正；反之为负。但是，假设矢量 $A_{j\mathrm{I}}$ 却是沿曲拐作用的，所以当曲拐转角 α 是在上止点前后 90°范围内时，$P_{j\mathrm{I}}$ 值是负的。

3.2.1.2　往复惯性力的平衡

惯性力 $P_j=P_{j\mathrm{I}}+P_{j\mathrm{II}}$ 是一个大小和方向反复变化着的自由力。经过连杆、曲轴等零件的传递，此力最终作用在内燃机的机体上。如果机器不是很好地固定在机座上，则此力就能够使机器沿着气缸中心线方向产生振动。消除这个自由力有害作用的措施是设法把它平衡掉。为了平衡 P_j 须要分别平衡 $P_{j\mathrm{I}}$ 和 $P_{j\mathrm{II}}$。

对于单缸内燃机来说，为了平衡 $P_{j\mathrm{I}}$ 需要如图 3-7 所示的平衡机构。在 $x-y$ 平面内的气缸中心线的两边对称地安装两个平衡重，平衡重绕附加轴 O_1 和 O_2 作相对旋转，所以它们的离心力在水平方向（y 轴方向）上的分力就互相抵消，但在气缸中心线方向（x 轴方向）上却形成合力 $2S_{\mathrm{I}x}$ 与 $P_{j\mathrm{I}}$ 时刻保持大小相等、方向相反，以便互相抵消，就能达到平衡 $P_{j\mathrm{I}}$ 的目的。

为了平衡 $P_{j\mathrm{II}}$ 也需采用类似的机构（图 3-7），只是平衡重绕附加轴 O_3 和 O_4 作相对旋转的转速需是曲轴转速的两倍，并使它们的离心力在 x 轴方向上的合力 $2S_{\mathrm{II}x}$ 与 $P_{j\mathrm{II}}$ 时刻保持大小相等、方向相反。

由于这种平衡装置的构造复杂，使用中容易出故障，所以只在要求机器的振动必须很小的特殊情况下才采用。

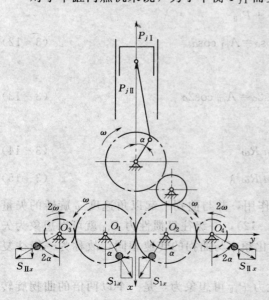

图 3-7　单缸机的往复惯性力平衡装置

3.2.1.3 离心惯性力 P_r 及其平衡

曲轴旋转时不平衡回转部分质量 m_r 将产生离心惯性力 P_r，其大小为

$$P_r = m_r R \omega^2 \tag{3-16}$$

力 P_r 的作用方向是沿曲拐向外，并随曲拐一同旋转。

力 P_r 可以采用在曲柄臂上加平衡重 m_p 的办法完全平衡掉，如图 3-8 所示。为此须使平衡重 m_p 的离心力 P_p 与力 P_r 保持大小相等、方向相反。

在单缸内燃机上常采用较大的平衡重，使它的离心力 P_p 大于惯性力 P_r，即

$$P_p - P_r = \Delta P$$

这样做的目的是使 ΔP 在 x 轴方向上的分力 $\Delta P \cos\alpha$ 能平衡掉一部分 P_{j1}，但这样一来在 y 轴方向上却出现了额外的不平衡自由力 $\Delta P \sin\alpha$。也就是说，利用这一方法把一级往复惯性力 P_{j1} 中的一部分由 x 轴方向转移到 y 轴方向。这样做之后，机器比较容易固定，并且机器的振动会小些。

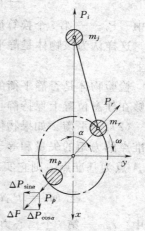

图 3-8 离心惯性力的平衡

3.2.2 多缸内燃机的平衡

多缸内燃机运转时，沿着每一气缸的中心线都作用有往复惯性力 P_j，在每一曲拐的旋转平面内都作用有离心惯性力 P_r。内燃机的平衡问题就是研究如何计算它们的合力及合力矩，并研究怎样才能把由它们所引起的有害作用减至最小。

3.2.2.1 离心惯性力及力矩的平衡

对于作旋转运动的物体来说，在运动过程中物体上的各个质点都围绕轴线做圆周运动，并产生离心力。如果物体上各部分的质量分布相对于轴线是对称的，例如一个质量均匀分布的圆棒，则由于分布在轴线两边的对应质点的离心力分别互相平衡而抵消掉，所以在旋转时就不会产生剩余的自由离心力，这样的零件即便是在很高的转速下也可以很平稳地旋转。但是实际上，由于材料各处的致密程度可能不完全一致，甚至是一个加工得很精细的圆棒，它的质量分布也不可能是绝对均匀的。对于具有复杂形状的曲轴来说，相对于旋转轴线的质量分布本来就不对称，旋转时就要产生剩余自由离心力。此力的作用方向随同零件一同旋转，并且转速越高，力的数值越大。它不但使零件产生相应的弯曲变形和弯曲应力，而且使装有这种零件的机器产生振动。因此，零件的最高许用转速就受到了限制。

对于作旋转运动的零件，必须研究自由离心力的平衡问题。对于形状复杂的零件为了便于计算，需要把有关的质量进行适当的归并与集中。

如图 3-9 所示，假设旋转件 AB 有 n 个换算质量，因而在旋转时具有 n 个集中作用的离心力，可以分别用矢量来表示它们各自的大小和方向。

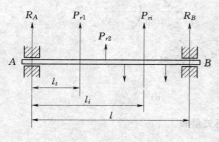

图 3-9 离心力的平衡

离心力有两种不同的平衡：静平衡和动平衡。

（1）静平衡。如果物体旋转时，物体上所有换算质量的离心力矢量，在垂直于旋转轴的平面上投影的矢量和等于零，即

$$\sum P_r = P_{r1} + P_{r2} + \cdots + P_{rn} = \sum_{i=1}^{n} P_{ri} = 0 \tag{3-17}$$

式中　P_{ri}——第 i 个换算质量的离心力矢量。

这样认为该物体是静平衡的。一个物体如果是静平衡的，则它的质心必然位于旋转轴线上。

检验物体是否静平衡的方法是把物体的转轴放在两条水平刃轨上，如果在刃轨上物体能够在任意位置上保持静止，则物体就是静平衡的。

（2）动平衡。如果物体旋转时，物体上所有换算质量的离心力矢量相对于轴线上任一基准点的力矩的矢量和等于零，则物体是动平衡的。对于图 3 - 9 的零件 AB 来说，如果取 A 点为基准点，则它实现动平衡的条件是

$$\sum M_r = P_{r1}l_1 + P_{r2}l_2 + \cdots + P_{ri}l_i + \cdots + P_{rn}l_n = \sum_{i=1}^{n} P_{ri}l_i = 0 \tag{3-18}$$

式中　l_i——第 i 个离心力矢量至基准点的距离。

零件是否动平衡在动平衡机上进行校验。在动平衡机上，零件被带动着旋转，并在旋转状态下测量平衡力矩 $\sum M$ 是否等于零，如果不等于零，则测量出它的矢量和的大小和作用方位。

下面以 3 拐曲轴为例，进一步讨论曲轴的动平衡问题。此种曲轴用于直列式 3 缸（四冲程或二冲程）内燃机和 V 型 6 缸四冲程式内燃机上。图 3 - 10（b）是它的轴向投影图，称为曲柄图。可以看出，曲轴各拐之间是以 120°夹角沿圆周均匀分布。

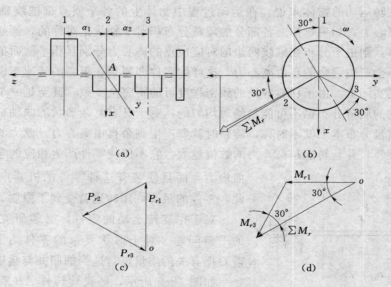

图 3 - 10　离心惯性力及力矩矢量和

各曲拐的离心惯性力 P_r 是沿曲拐向外作用的，可以用绘矢量多边形法求它们的矢量

和 $\sum P_r$，如图 3-10（c）所示。多边形的各边分别与各曲拐平行，边长为 $P_r=m_rR\omega^2$，见式（3-16）。由于多边形是闭合的，所以合力 $\sum P_r=0$，也就是说它是静平衡的。所以在曲柄图上，如果多缸内燃机曲轴的各拐是沿圆周均匀分布时，都可实现这一结果。

同样，可用绘制矢量多边形求离心惯性力矩的矢量 $\sum M_r$。一般是取曲轴轴线的中间点作为取矩的基准点，也就是说在这里是取第二拐的中间截面 A 作基准点。所绘多边形如图 3-10（d）所示。多边形的边长分别为 $M_{r1}=M_{r3}=P_r a$ 和 $M_{r2}=0$。力矩矢量方向即右手拇指的方向。由图 3-10（d）可看出，多边形不闭合，即 $\sum M_r\neq0$，所以这个曲轴是动不平衡的。根据式（3-16）和多边形的几何关系可算出合力矩 $\sum M_r$ 的数值是

$$\sum M_r=2M_{r1}\cos30°=2\times0.866m_rR\omega^2 a=1.732m_rR\omega^2 a$$

合力矩矢量 $\sum M_r$ 的作用方向是在矢量 M_{r1} 的反时针方向 30° 处。它表示该合力矩 $\sum M_r$ 是作用在与第一和第三拐成 30° 夹角的平面内，如图 3-10（b）所示。此力矩作用在曲轴上并与曲轴一起以角速度 ω 旋转，它使得机器产生相应的振动，振动频率与机器的转速相同。

可以用在曲轴上装平衡重的方法把合力矩 $\sum M_r$ 平衡掉。装平衡重的方案有多种，图 3-11（a）所示是在曲轴上只装一对平衡重的方案，这一对平衡重所产生的离心力矩与力矩 $\sum M_r$ 大小相等、方向相反；图 3-11（b）所示是在曲轴的各曲柄臂上都分别装平衡重，分别平衡各个曲拐的离心惯性力 P_r，由于各曲拐的 P_r 都已分别被平衡掉，因此也就使 $\sum M_r=0$ 了。

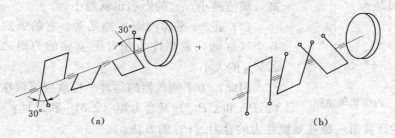

图 3-11 平衡重配置方案

图 3-12 是四拐曲轴的简图，用在四冲程四缸和某些 V 型 8 缸内燃机上。图 3-13 是六拐曲轴的简图，用在四冲程六缸和 V 型 12 缸内燃机上。这种曲拐排列方式能够实现离心惯性力 P_r 的"静平衡"，即 $\sum P_r=0$，同时，也实现了"动平衡"，即 $\sum M_r=0$。可以看出，当曲轴各拐沿圆周呈均匀分布，并在纵向呈对称分布（方位相同的拐至中间截面 A 的距离相同）时，都可实现这一结果，这种曲轴从平衡的角度来讲，无需安装平衡重。

图 3-12 直列 4 缸机的曲轴

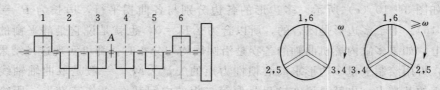

图 3-13　直列六缸机的曲轴

3.2.2.2　直列式内燃机上一级往复惯性力及力矩的平衡

为了便于讨论，将一台多缸直列式内燃机放在如图 3-14 所示的直角坐标系中。其中 xz 平面通过各气缸中心线；yz 平面通过曲轴中心线、并与 xz 平面互相垂直；xy 平面通过曲轴轴线的中间点并与 z 轴相垂直。为了使问题简化，假设坐标原点 G 与内燃机的质心重合。

在多缸直列式内燃机上，由于往复惯性力所引起的振动形式有以下两种。

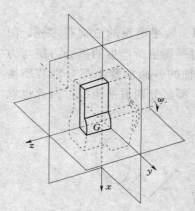

图 3-14　内燃机的坐标

（1）使机器沿着图 3-14 所示的 x 轴方向产生上下振动。这种振动的强烈程度与各个气缸的往复惯性力的合力 $\sum P_{jI}$ 和 $\sum P_{jII}$ 成正比，其中由 $\sum P_{jI}$ 所引起的跳动则是曲轴每转一转跳动一次，而由 $\sum P_{jII}$ 所引起的跳动则是曲轴每转一转跳动两次。如果进一步考虑更高阶的惯性力，则跳动的频率以此类推。不过一般来说，惯性力的级数越高，幅值越小，它的影响也就越小。

（2）在 xz 平面内绕 y 轴晃动。它的强烈程度决定于各个气缸的往复惯性力相对于 y 轴的力矩之和 $\sum M_{jI}$ 和 $\sum M_{jII}$ 的大小。

因此，为了使机器的运转平稳就应该设法使上述合力（$\sum P_{jI}$ 和 $\sum P_{jII}$）及合力矩（$\sum M_{jI}$ 和 $\sum M_{jII}$）减至最小。

下面讲述计算第一级往复惯性力的合力 $\sum P_{jI}$ 的方法。

由式（3-12）和式（3-14）已知，对于一个气缸来说，它的一级往复惯性力 P_{jI} 在任意瞬时，其值都等于一个沿着曲拐向外作用、并随曲拐一同旋转的假想矢量 A_{jI} 在气缸中心线上（更确切的说是在图 3-14 的 x 轴方向上）的投影。

因此，为了求算整台内燃机的一级往复惯性力的合力 $\sum P_{jI}$ 只要先求出所有各个气缸的假想矢量 A_{jI} 在 xy 平面上的投影的矢量和 $\sum A_{jI}$ 然后再求于各个瞬时矢量和 $\sum A_{jI}$ 在 x 轴上的投影就可以了。在这里

$$\sum A_{jI(1)} + A_{jI(2)} + \cdots + A_{jI(i)} + \cdots + A_{jI(n)} = \sum_{i=1}^{n} A_{jI(i)} \qquad (3-19)$$

它是一个随曲轴一同旋转的矢量，式中的 $A_{jI(i)}$ 为第 i 个气缸的假想矢量 A_{jI}。

求算矢量和 $\sum A_{jI}$ 的方法与图 3-10（c）相类似，只是以 A_{jI} 代替 P, 而已，如图 3-15（c）所示，该图以一个 3 拐曲轴作为例子，对于其他拐数的曲轴来说方法是一样的。

已知矢量和 $\sum A_{jI}$ 以后，则该内燃机的一级往复惯性力的合力 $\sum P_{jI}$ 等于

$$\sum P_{jI} = -(A_{jI})\cos\alpha_{A_{jI}} \qquad (3-20)$$

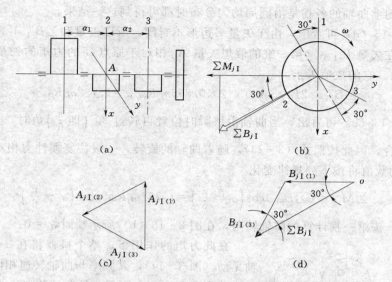

图 3 - 15 一级往复惯性力及力矩的矢量多边形

式中 $\alpha_{A_{jI}}$ ——任意瞬时，矢量和 $\sum A_{jI}$ 相对于负 x 轴（气缸中心线）的转角。

下面阐述求算各个气缸的一级往复惯性力相对于 y 轴的力矩之和 $\sum M_{jI}$ 的方法。在这里

$$\sum M_{jI} = P_{jI(1)}l_{(1)} + P_{jI(2)}l_{(2)} + \cdots + P_{jI(i)}l_{(i)} + \cdots + P_{jI(n)}l_{(n)}$$
$$= \sum M_{jI(1)} + M_{jI(2)} + \cdots + M_{jI(i)} + \cdots + M_{jI(n)}$$
$$= \sum_{i=1}^{n} P_{jI(i)}l_{(i)} \tag{3-21}$$

式中 $l_{(i)}$ ——第 i 个气缸的中心线至 y 轴的垂直距离。

求算 $\sum M_{jI}$ 的方法与前面求算 $\sum P_{jI}$ 相类似，即首先计算出所有各个气缸的假想矢量 A_{jI} 相对于坐标原点 G 的力矩矢量和 $\sum B_{jI}$

$$\sum B_{jI} = A_{jI(1)}l_{(1)} + A_{jI(2)}l_{(2)} + \cdots + A_{jI(i)}l_{(i)} + \cdots + A_{jI(n)}l_{(n)}$$
$$= B_{jI(1)} + B_{jI(2)} + \cdots + B_{jI(i)} + \cdots + B_{jI(n)}$$
$$= \sum_{i=1}^{n} A_{jI(i)}l_{(i)} \tag{3-22}$$

它是一个随曲轴一同旋转的矢量，合力矩 $\sum M_{jI}$ 在任意时刻的瞬时值，都等于矢量和 $\sum B_{jI}$ 在 y 轴[图 3 - 15(b)]上的投影。

求算矢量和 $\sum B_{jI}$ 的方法与图 3 - 10(d)相类似，只是用矢量 B_{jI} 代替 M_r 而已，如图 3 - 15(d)所示，而

$$\sum M_{jI} = (\sum B_{jI})\cos\alpha_{B_{jI}} \tag{3-23}$$

式中 $\alpha_{B_{jI}}$ ——矢量和 $\sum B_{jI}$ 相对于 y 轴的转角，例如在图 3 - 15 (b) 所示的瞬时，$\alpha_{B_{jI}}$ 是 $-30°$。

对于具有 3 个拐的直列式 3 缸内燃机来说，由图 3 - 15 (b) 可以看出，由于矢量和 $\sum B_{jI} = 0$，所以 $\sum P_{jI} = 0$。也就是说，一级往复惯性力是平衡的。对于直列式多缸内燃

机，当曲柄图上曲轴的各拐是沿圆周均匀分布时都可得到这一结果。

由图 3-15（d）可看出，由于矢量多边形不封闭，所以矢量和 $\sum B_{jI}$ 不等于零。它的作用方向是在矢量 $B_{jI(1)}$（第一缸的假想矢量 A_{jI} 相对于原点 G 的力矩的矢量）的反时针方向 30° 角处。它的数值等于

$$\sum B_{jI} = 2B_{jI}\cos30° = 2 \times 0.866m_jR\omega^2\alpha = 1.732m_jR\omega^2\alpha$$

由图 3-15（b）可看出，当曲轴由该瞬时位置再转过 30° $\left(\text{即}\dfrac{\pi}{6}\right)$ 角时，矢量 $\sum B_{jI}$ 即与 y 轴相重合，因此按照式（3-23），随着曲轴的旋转，一级往复惯性力相对于 y 轴的合力矩 $\sum B_{jI}$ 的数值将按下列规律变化

$$\sum M_{jI} = (\sum B_{jI})\cos\left(\alpha_1 - \frac{\pi}{6}\right) = 1.732m_jR\omega^2\alpha\cos\left(\alpha_1 - \frac{\pi}{6}\right)$$

式中　α_1——按第一拐计算的曲轴转角，在图 3-15（b）所示瞬时 $\alpha_1 = 0$。

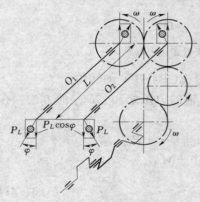

图 3-16　一级往复惯性力矩
　　　的平衡机构

在此力矩的作用下，整个机器将在 xz 平面内绕 y 轴晃动（图 3-14），其频率与曲轴转速相同。

若要平衡这一力矩需要复杂的装置，如图 3-16 所示。在附加轴 O_1 和 O_2 的两端各装一个平衡重，两根附加轴作相对旋转，转速等于曲轴的转速。因此，附加轴所产生的离心力矩，在水平方向上是互相抵消的，而在垂直方向却形成合力矩 M_L，其数值为

$$M_L = 2P_LL\cos\varphi$$

式中　P_L——每个平衡重的离心力；

　　　L——装在同一附加轴上的每对平衡重的质心之间的垂直距离；

　　　φ——平衡重所在平面与垂直面的夹角。

使合力矩 M_L 与 $\sum M_{jI}$ 时刻保持大小相等，方向相反，即可达到平衡的目的。

在四冲程直列式 4 缸和 6 缸内燃机上是采用图 3-12 和图 3-13 所示的 4 拐和 6 拐曲轴。可以证明，在这种内燃机上一级往复惯性力和力矩都是平衡的，即 $\sum P_{jI}$ 和 $\sum M_{jI}$ 都为 0。

3.2.2.3　直列式内燃机二级往复惯性力及力矩的平衡

求算多缸直列式内燃机二级往复惯性力的合力 $\sum P_{jII}$ 及合力矩 $\sum M_{jII}$ 的方法与前面所述的方法很相似，即先求出各个气缸的假想矢量 A_{jII} 在 xy 平面上的投影的矢量和 $\sum A_{jII}$ 以及各气缸的假象矢量 A_{jII} 相对于原点 G 的力矩矢量和 $\sum B_{jII}$，它们分别等于

$$\sum A_{jII} = \sum_{i=1}^{n} A_{jII(i)} \tag{3-24}$$

$$\sum B_{jII} = \sum_{i=1}^{n} A_{jII(i)}l_{(i)} \tag{3-25}$$

根据式（3-13）可得二级往复惯性力的合力

$$\sum P_{jII} = -(\sum A_{jII})\cos\alpha_{A_{jII}} \tag{3-26}$$

根据式（3-23）可得二级往复惯性力的合力矩

$$\sum M_{j\text{II}} = (\sum B_{j\text{II}})\cos\alpha_{B_{j\text{II}}} \tag{3-27}$$

式中　$\alpha_{A_{j\text{II}}}$、$\alpha_{B_{j\text{II}}}$——矢量和$\sum A_{j\text{II}}$相对于负 x 轴的转角及矢量和$\sum B_{j\text{II}}$相对于 y 轴的转角。

在这里应该注意，假想矢量 $A_{j\text{II}}$ 的旋转角速度是 2ω。也就是说，它的旋转速度是曲轴角速度的两倍，如图 3-6（b）所示。

下面仍以 3 缸直列式内燃机所用的 3 拐曲轴为例，具体说明它的计算方法。

如图 3-17（a）所示是曲轴的曲柄图，这个图表示了曲轴各曲柄间的相位关系。由于各个气缸的一级假想矢量 $A_{j\text{I}}$ 是沿着对应的曲柄方向作用的，所以这个图也表示出了各气缸的一级假想矢量 $A_{j\text{I}}$ 的相位关系，因此它也称为一级曲柄图。在绘曲柄图时通常是取第一拐的瞬时转角 $\alpha_1 = 0$。

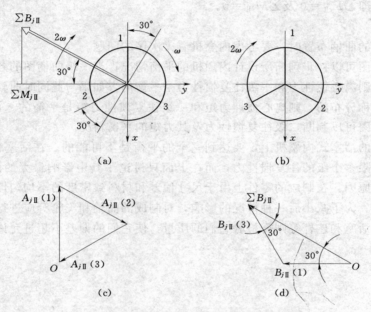

图 3-17　二级往复惯性力和力矩的矢量多边形

为了表示出在这一瞬时各个气缸的二级矢量 $A_{j\text{II}}$ 之间的相位关系，在图 3-17（b）中绘出了二级曲柄图。由于该时第一拐的转角 $\alpha_1 = 0$，所以第一缸对应的假想矢量 $A_{j\text{II}(1)}$ 的相位角 α_1'' 也等于零；由于该时第二拐的转角 $\alpha_2 = 240°$，所以 $A_{j\text{II}(2)}$ 的相位角 $\alpha_2'' = 2 \times 240° = 480°$ 或 $480° - 360° = 120°$；由于该时第三拐的转角 $a_3 = 120°$，所以 $A_{j\text{II}(3)}$ 的相位角 $\alpha_3'' = 2 \times 120° = 240°$。

有了二级曲柄图就可以同样用绘矢量多边形法计算矢量和$\sum A_{j\text{II}}$［式（3-24）及图 3-17（c）］及$\sum B_{j\text{II}}$［式（3-25）及图 3-17（d）］了。

可以看出，在这里由于$\sum A_{j\text{II}} = 0$，所以二级往复惯性力是平衡的，即$\sum P_{j\text{II}} = 0$，但是由于$\sum B_{j\text{II}} \neq 0$，所以二级往复惯性力的力矩不平衡。在图 3-17（a）中示出了于第一拐的转角 $\alpha_1 = 0$ 的这一瞬时，矢量$\sum B_{j\text{II}}$ 的作用相位。因为曲柄是以角速度 ω 旋转的，而矢量$\sum B_{j\text{II}}$是以 2ω 旋转，所以如果第一拐由 $\alpha_1 = 0$ 的位置倒转一个角度 $\dfrac{30°}{2} = 15°$（即 $\dfrac{\pi}{12}$），

则矢量 $\sum B_{j\mathrm{II}}$ 将与 y 轴重合。因此，根据式（3-27）及图3-17（d）的几何关系，可得在这种内燃机上二级往复惯性力的合力矩 $\sum M_{j\mathrm{II}}$ 的变化规律，其数值为：

$$\sum M_{j\mathrm{II}} = (\sum B_{j\mathrm{II}})\cos^2\left(\alpha_1 + \frac{\pi}{12}\right) = 1.732 m_j R\omega^2\lambda\alpha\cos^2\left(\alpha_1 + \frac{\pi}{12}\right)$$

式中　α_1——按第一拐计算的曲轴转角。

若要平衡这一力矩需要复杂的装置。它的工作原理与图3-16所示的相同，只是附加轴 O_1 和 O_2 的角速度应该等于 2ω。

在图3-12和图3-13上分别示出了四冲程直列式4缸和6缸内燃机的二级曲柄图。可以看出，4缸机的二级往复惯性力没有平衡，它的合力 $\sum P_{j\mathrm{II}} = 4m_j R\omega^2\lambda\cos 2\alpha$。既然这个惯性力是不平衡的，就更谈不上力矩的平衡问题了。至于6缸机则是二级往复惯性力和力矩都平衡，即 $\sum P_{j\mathrm{II}} = 0$ 及 $\sum M_{j\mathrm{II}} = 0$。

3.2.3　总结

确定曲轴的曲柄布置时，要考虑内燃机着火次序的问题。

根据曲柄图可以初步判断所设计内燃机的平衡情况；当一级曲柄图的各曲拐是沿圆周均匀分布时，则离心惯性力和一级往复惯性力是平衡的，如果与此同时曲轴各曲拐相对于轴线中点是对称分布的，则离心惯性力矩和一级往复惯性力矩是平衡的。按照同样原则，根据二级曲柄图可以判断二级往复惯性力及其力矩的平衡情况。

在所讨论的活塞式内燃机上，要达到完全的平衡是不可能的。在活塞作往复运动时，实际上是有无限多个级的往复惯性力，而在上面只讨论了其中影响最大的两个级。此外，由于工艺上的原因，在制成的零件上由于尺寸偏差和材料致密度的不均匀性，也会造成某些不平衡情况。为了减小后一种情况的影响，对制成的曲轴和飞轮等应进行静平衡或动平衡的检验，对活塞和连杆等则需检验它们的质量，使它们的偏差不超过允许的范围。

第 4 章　内燃机的机体、缸盖与气缸套

4.1　机体的结构及设计要点

4.1.1　机体的工作条件与设计要求

内燃机的机体包括气缸体、上曲轴箱、主轴承盖和下曲轴箱。机体是整台内燃机的骨架，用以安装内燃机的主要零部件和附件，并通过机体上的支座固定内燃机。为了保证曲柄连杆机构及气缸套的工作可靠，曲柄连杆机构与气缸套必须与机体保持精确的位置关系。因此，在机体设计中，必须对重要表面尺寸、几何形状、相互位置等提出严格的公差要求。

机体的受力情况很复杂，各零部件的受力随结构形式的不同而异。气缸内的气体对气缸盖底面和气缸表面作用均匀分布的气体压力，气体力通过活塞作用给连杆，再经曲轴作用在主轴承盖上，这个力通过主轴承盖螺栓作用在机体上。除了上述气体力外，曲柄连杆机构的往复惯性力和离心惯性力也会作用在主轴承孔上，还存在支架对内燃机的支撑反力和力矩。这些力的大小和方向随内燃机工况和曲轴转角不断变化，有些力的作用点也在不断变化。另外，在内燃机不工作时，各气缸盖螺栓、主轴承盖螺栓也使机体受螺栓预紧力的作用。以上各种力和力矩使机体各部分受到交变的拉、压、弯和扭作用，产生复杂的应力状态。

机体的结构设计必须保证它有足够的强度和刚度，既不能发生裂纹和损坏，也不能出现过大的变形，尤其是机体与缸盖的接合处、气缸套或气缸筒、主轴承座等处，若刚度不足就会产生密封失效、摩擦副磨损加剧、机体纵向振动加剧、机件产生附加应力等严重后果。

机体的质量占内燃机总质量的 1/4 以上，而制造成本约占总成本的 1/10，因此机体的设计要特别注意减轻质量和改善铸造及加工的工艺性。

机体的曲轴箱与内燃机的振动噪声密切相关。内燃机的噪声源包括燃烧噪声、齿轮或链传动噪声、配气系统噪声、活塞敲击噪声和进排气噪声。这些噪声是通过发动机传播而辐射到大气中。发动机中大的表面（如机体、油底壳、齿轮室罩、气门室罩等）产生的振动会使周围空气产生波动，因此对噪声具有显著影响。机体可能是间接的噪声传递者或直接的噪声发射者。机体通过油底壳、齿轮室罩传递高频脉动力，通过气缸盖螺栓传给气缸盖，再由气缸盖传给气门室罩。在某些频率下这些零件由于其结构因素会产生共振，并引起振动的幅值增大，从而引起更大的压力波动，产生更大的噪声。通过改变零部件的结构设计可以改变刚度，从而改变其固有频率，以避免产生共振。

4.1.2　机体的设计要点

1. 机体要有足够的刚度

增加刚度的主要方法是使金属分布更合理；适应机体各部位受力状况，尽可能增加机体受力和承受弯矩部位的抗拉、抗弯断面系数。同时，要求在设计机体的具体结构时，尽量避免使机体承受附加弯矩。增加机体刚度的具体措施如下：

（1）在气缸孔之间从机体顶面一直延伸曲轴箱壁下沿应设置隔板，在每块隔板上设置主轴承座。设置隔板后可使机体所承受的力与力矩的分布更均匀，并且避免了上曲轴箱承受局部集中负荷。图 4-1 为某汽油机机体内隔板的结构。在缸筒间的隔板上开有窗孔，供冷却水通过。气缸体顶面要有足够的厚度，以保持一定的刚度，防止气缸套变形以及气缸盖密封不严。

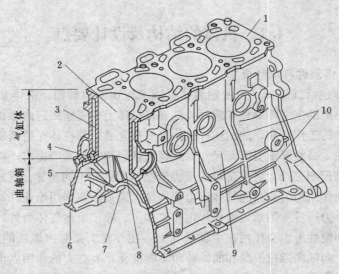

图 4-1　机体的结构

1—机体顶面；2—气缸；3—水套；4—主油道；5—横隔板上的加强肋；6—机体底面；
7—主轴承座；8—缸间横隔板；9—机体侧臂；10—侧壁上的加强肋

（2）沿机体各受力部位的传力方向上设置加强肋，增加受力部位的刚度。在机体上部，沿着受力部位即气缸螺栓孔的传力方向上，布置有垂直加强肋。肋的设置方向尽量避免使其传递的力改变方向，肋要圆滑过渡到机体上。在图 4-1 中沿主轴孔传力方向布置有垂直加强肋、水平和斜置肋，这些肋都与曲轴箱壁相连，从而提高了曲轴箱及主轴承座的刚度。由于这几个加强肋都以螺栓孔为结点，故主轴承螺栓的夹紧力传到机体时就不会产生应力集中。

吊挂式曲轴的主轴承盖要求有一定刚度，为此主轴承螺孔间的中心距应该尽量小，一般它约为主轴孔径的 1.5～1.9 倍。铸铁材料的主轴承座和轴承盖的轮毂径向厚度不应小于 0.1～0.15 倍的主轴承座直径。

（3）对于大功率或高强化的汽油机或柴油机，对机体的刚度要求较高，常采用底平面比曲轴中心线低（0.6～1.0）D 的机体，这种机体称为龙门式机体〔图 4-2（a）〕。由于机体高度增大，增加了机体质量，曲轴箱有更多金属和更大的断面来承受力和力矩，因而增加了曲轴箱下半部的刚度。在纵向平面中的抗弯刚度和绕曲轴中心线的扭转刚度显著提高，但龙门式机体比较笨重。

小轿车用汽油机或轻型车用柴油机，要求机体质量轻，同时这种车辆又常常在部分负荷下工作，所以一般采用底平面与曲轴中心线齐平的平分式机体〔图 4-2（b）〕。这种机体高度小，质量轻，但刚度相对较差。

风冷发动机的缸体和曲轴箱一般是分开的，为了提高曲轴箱的刚度多采用隧道式曲轴箱，同时在箱内壁铸有菱形肋，以提高曲轴箱的刚度［图 4-2（c）］。当发动机强化后，有的机型采用在主轴孔两侧加两个螺柱的办法，预先夹紧轴承座，使轴承产生预压力，以提高轴承座抗拉能力。

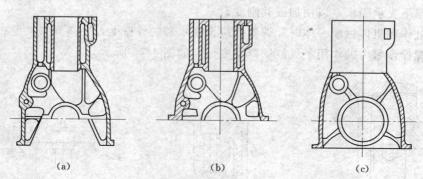

图 4-2　气缸体结构形式

（a）龙门式；（b）平分式；（c）隧道式

另外，为了减小裙部的张合运动，有的发动机采用主轴承盖加工成一体的梯形架结构（图 4-3），这种结构可以大大提高整个机体的刚度，降低机体振动和由振动而产生的辐射噪声。

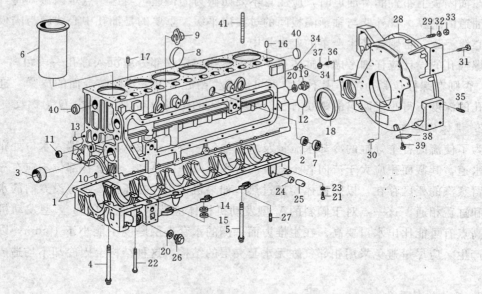

图 4-3　梯形框架结构轴承盖与机体

1—机体和曲轴箱；2、7—碗型塞；3—凸轮轴衬套；4、5、22—主轴承螺栓；6—气缸套；8—左侧面碗型塞；
9—通风弯管；10、30—圆柱销；11—油道碗型塞；12—后端面碗型塞；13—碗形塞；14、15—密封圈、套管；
16—圆柱销；17—弹性圆柱销；18—后油封；19、20—螺塞、垫圈；21、23—内六角圆柱螺钉、垫圈；
24、25—碗型塞、回油短管；26—螺塞；27、29—双头螺栓；28—飞轮壳；31—飞轮壳螺塞；
32、33—弹簧垫圈、六角螺母；34—双头螺柱；35、36—双头螺柱；37—螺母；
38—观察孔盖；39—六角螺栓；40—碗型盖；41—气缸盖螺塞

（4）为了减小机体所承受的附加弯矩，机体上的螺栓孔与主轴承盖上的螺栓孔的中心线应尽量布置在同一垂直横断面上；尽可能缩小螺栓孔中心线与气缸壁的偏移距离 h，如图 4-4 所示，因偏移量越大，气缸壁受的附加弯矩也越大。在一般的情况下，气缸盖螺栓与主轴承螺栓很难布置在同一中心线上的，因此缸套下支承隔板就承受了附加弯矩。设计时应加厚下支承隔板，以便加强其刚度。

当气缸体和机体做成一体时，螺栓孔应设在水套的外壁上，并离开气缸壁，以防止在拉伸力和螺栓预紧力的作用下气缸壁产生变形，如图 4-5 所示。

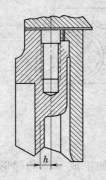
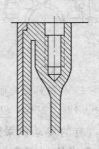
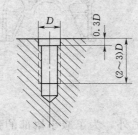

图 4-4　螺栓孔偏移气缸壁　　　图 4-5　螺栓孔的布置　　　图 4-6　螺纹沉陷

在横隔板上布置润滑油道时，应注意不要妨碍力的传递，当这一点难以做到时，必须增加油道的壁厚。管外壁与轴承隔板间的过渡应平缓。重要的是油孔中心线应与隔板壁厚的中心线一致，否则会产生严重的应力集中。

螺栓孔的设计应仔细考虑。缸体上平面的螺孔内螺纹部分应沉入螺孔一段距离（图 4-6），否则在螺柱拉紧力的作用下接合面可能发生凸起变形，妨碍结合面的压紧。缸体上螺纹孔的深度不得小于两倍的螺纹直径。螺纹深入的距离为 $0.3D$，其中 D 为螺纹直径。

2. 机体的冷却

为了使流向各个气缸的冷却水流量及水温均匀一致，一般从机体前端入水口处布置纵向进水道，其截面积应大于流向各个气缸的分水孔面积的总和。水套各部位不应有滞留水或滞留蒸汽的死区存在，以防机体局部过热。如果机体仍存在死区，则应设专门的水孔将死区和缸盖相通。这一点对于倾斜的 V 型发动机机体应特别注意，因为 V 型发动机机体的最高点有可能比出水口要高。在主推力面一侧的水套夹层厚度不能小于 10mm，以防穴蚀的产生。应尽量避免采用相邻气缸无水套夹层的结构，这种结构会因冷却不均造成气缸变形。

3. 机体的轻量化

除了合理地设计结构，充分发挥金属材料抗变形作用外，在工艺上采用 5mm 的薄壁铸件可以减小机体质量。柴油机机体约占整机质量的 40% 左右；V 型短行程柴油机机体质量则占 25%；汽油机一般占 30% 左右。因此降低机体质量对降低整机质量影响很大。用减薄结构壁厚的办法减小机体质量是有限的，而减小机体外形尺寸可使机体的质量显著减少。对机体外形尺寸影响较大的参数有缸心距 L_0、S/D、连杆长度和活塞高度等。

4.2 气缸盖的结构及设计要点

气缸盖的作用是密封气缸，与活塞顶共同组成燃烧室，因此承受很大的机械负荷和热负荷。气缸盖中有进、排气道和进、排气门以及喷油器或火花塞，对于分隔式燃烧室来说还有涡流室或预燃室，对顶置凸轮轴来说还有凸轮轴轴承座等。

气缸盖中气道和燃烧室的设计应保证发动机燃烧过程良好。为了保证气缸盖工作可靠，不因机械应力和热应力的反复作用而疲劳，必须采用合适的材料，同时要特别注意改善热点的冷却，使各点温度尽可能均匀，以减小热应力。

气缸盖应该用抗疲劳性能好的材料铸造。材料导热性越好，线膨胀系数越小，高温疲劳强度越高，越能承受热负荷的反复作用。从总体上看，高强度灰铸铁优于铝合金，因此绝大多数内燃机的缸盖都用高等灰铸铁制造，只有轻型汽油机采用铝合金。气缸盖是铸造最困难的零件，在结构设计时要特别注意铸造工艺性。

气缸盖应有足够的强度和刚度，以保证燃烧室可靠密封。气缸盖的基本壁厚决定于铸造的可能性，最小为 4mm 左右。但有气门座的气缸盖底面或燃烧室壁面，其厚度要加大到 10~15mm，以减小翘曲，保证气门的密封性。

中小功率高速内燃机，一般都采用各缸气缸盖联成一体的整体式气缸盖。这种结构紧凑，加工方便，但增加了铸造的复杂性。缸径较大的柴油机常采用一缸一盖、两缸一盖或三缸一盖的分体式结构。分体式气缸盖制造废品率降低，与机体之间密封易于保证，但结构不紧凑。

气缸盖的进排气门座之间、火花塞或喷油器周围、喷油器与气门座之间以及火花塞与气门座之间温度均很高，这些位置的材料强度下降或温度梯度很大，因而是热应力很高的"热点"，应该加强这些点的冷却。

在进行缸盖冷却水套设计时要考虑传热的影响，发动机过冷会造成温度梯度过大，从而使发动机的疲劳寿命变短。另外，在设计冷却水套时还要考虑峰值温度对汽油机爆燃的影响和冷却容积对暖机的影响。一般来说，使冷却液以足够高的流速通过缸盖水套，可以避免在最高的热流区产生沸腾，避免在不需要冷却的位置设置冷却水套，应该对水套中的冷却液流动进行最优化分析。除了考虑传热，在设计缸盖时还要选择合适的水套进口和出口位置，保证铸造时清沙彻底。

在铸造过程中，冷却水套通过沙芯成型，应保证浇铸固化后沙芯易于破碎和清沙。另外，沙芯还形成缸盖螺栓、气门导管、火花塞、喷油器等的外表面。

沙芯保持在沙芯座上，通过沙芯座清沙，因此在沙芯座处形成的开口需要机械加工成圆形口，再通过压入钢制的沙芯堵头密封冷却水套。在有些大型发动机中，清沙口用密封板密封。在设计发动机缸盖水套时保证清沙容易并能彻底清沙十分重要，在样机铸造阶段，必须通过剖分缸盖检测是否有铸沙残留在水套中，以验证水套设计的合理性。也可以用插入试验设备检测关键部位的清沙是否干净，从而决定铸造沙芯座的位置是否合适。

4.3 气缸套的结构及设计要点

4.3.1 气缸套的工作条件及设计要求

气缸套是内燃机的主要零部件之一，它与缸盖、活塞一起构成气体压缩、燃烧和膨胀的空间，并对活塞的运动起导向作用。同时还向周围的冷却介质传递一部分热量。因此，气缸套的工作条件十分恶劣，其内壁即受高温燃气加热，又受到进气时冷空气的吹拂，外壁则直接或间接受到冷却介质的冷却，这就使气缸套产生很大的热应力和热变形。同时，由于活塞是在大小和方向均变化的侧压力作用下高速运动的，所以使气缸套的内壁受到强烈的摩擦，如果润滑不良，就会造成气缸套磨损。

从上述工作条件看，气缸套设计应该满足下列要求：

（1）要有足够的强度以承受高温、高压下机械应力和热应力，尤其对燃烧室部分的结构设计，必须予以足够重视。

（2）气缸套内壁有良好的耐磨性，水冷内燃机的气缸套外壁必须对冷却水有一定的抗腐蚀能力。

（3）有一定的刚度。保证气缸套在工作中不致产生过大变形，否则会造成活塞、活塞环和缸套的早期磨损，并使机油消耗量增加。

（4）气缸套是易损件，必须考虑制造和维修工艺简便。

4.3.2 气缸套的结构设计和基本尺寸

气缸套分干缸套和湿缸套两种。干缸套是比较薄的圆筒，壁厚 $1\sim3\text{mm}$，汽车用的干缸套壁厚约为 $0.02D$（D 为气缸直径）。干缸套长度可与气缸筒等长，如图 $4-7$（a）所示，也可在缸套磨损最厉害的气缸上部镶短干缸套。干缸套的优点是整个机体用普通材料，只是干缸套用耐磨性好的材料，可节省耐磨的稀有金属，机体刚度比湿缸套机体要大；缺点是加工复杂，拆装修理不方便，如干缸套装配不好，还会使缸筒散热效果差。

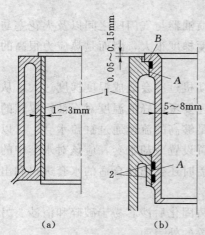

图 4-7 气缸套的结构形式
(a) 干式缸套；(b) 湿式缸套
1—气缸套；2—橡胶密封圈；
A—径向定位圆环带；B—轴向定位凸缘

下面以湿式气缸套（以下简称湿缸套）为例介绍气缸套的结构设计和基本尺寸。

湿缸套的结构形式和基本尺寸如图 $4-8$ 所示。湿缸套的壁厚应该保证气缸套有足够的强度，尤其要有足够的刚度，以减小变形和振动。一般内燃机湿缸套的壁厚为 $(0.045\sim0.085)D$，D 为气缸直径。近年来有些高速柴油机为了避免因缸套振动而引起的穴蚀，将湿缸套的壁厚增加到 $0.09D$ 左右。

湿缸套与气缸体利用上下两个凸缘来定位以保证其正确的位置，配合时应保证有一定的间隙，以免受热卡死而使湿缸套变形。为了便于安装，下凸缘直径 D_2 应该小于上凸缘直径 D_3。一般 $D_3=D_1+(2\sim4)$ mm，D_1 为气缸套外径。凸肩外径 D_4 要尽量小，以保证气缸中心距尽量小。为保证压紧，一般 $D_4 - D_3 = 6 \sim 8$mm。在工作时，凸肩处的温度较高，与气缸水套间应留有必要的膨胀量 Δ_1，一般 $\Delta_1 = 0.3 \sim 0.7$mm，为了保证压紧密封，气缸套凸肩顶面应略高于气缸体顶面 Δ_2，一般 $\Delta_2 = 0.05 \sim 0.15$mm。各气缸共用一个气缸盖时，此值要严格控制，各缸之间的差值不应超过 0.03mm，否则会影响密封。凸肩高度 h_1 在保证凸肩强度的前提下，不宜过大，一般 $h_1 = 5 \sim 10$mm。气缸套上凸缘高度 h_2 应尽可能短些，可以增加对第一环的冷却，一般 $h_2 = 7 \sim 15$mm。水套长度（$h_3 - h_2$）主要考虑当活塞在下止点时，活塞的密封部件（至少是第一环部分）应能在冷却水可以冷却的范围内。在确定气缸套的总长度 h_4 过程中，当活塞在下止点时，允许其从气缸套中伸出 10～25mm，如果活塞裙部有油环，则不允许有油环伸出气缸套下缘。

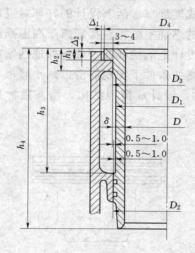

图 4 - 8　湿缸套的结构形式与基本尺寸

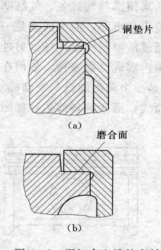

图 4 - 9　湿缸套上端的密封

为了保证湿缸套上端面的密封，有些内燃机在气缸套凸肩下加有紫铜垫片［图 4 - 9（a）］，或者凸肩结合面与气缸水套结合面采用磨合面［图 4 - 9（b）］。湿缸套下端的水密封通常采用 2～4 个耐热、耐油的橡胶密封圈来保证。密封槽的形状与密封圈不同，以保证密封圈产生弹性变形起密封作用。密封槽可以开在机体上［图 4 - 10（a）］，也可以开在气缸套上［图 4 - 10（b）］。从便于加工和安装的观点出发，一般把密封环槽开在气缸套上，但此时必须注意环槽处的最小厚度不能太小，一般不能小于 4～5mm。此外，环槽的断面应比密封圈的断面大一些（一般大 10%～15%），以防止气缸套受热后变形。

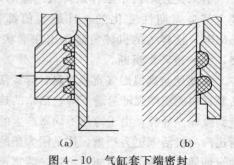

图 4 - 10　气缸套下端密封

(a) 密封槽在机体上；(b) 密封槽在气缸套上

第5章 活塞、连杆与曲轴

5.1 活 塞 结 构

活塞的主要功用是承受燃烧气体压力，并将此力通过活塞销传给连杆以推动曲轴旋转。此外，活塞顶部与气缸盖、气缸壁共同组成燃烧室。活塞设计的好坏对发动机的性能与可靠性影响十分重要，因为活塞是一个运动的燃烧室壁，直接暴露于高温高压气体，并保证气体力通过活塞销传给连杆。另外，活塞设计上的挑战在于如何保证活塞在宽广的发动机工况范围内实现可靠密封，如何在温度升高的条件下实现润滑以减小摩擦与磨损。

图5-1是一个典型的汽车发动机活塞结构，设计成窗型结构。活塞通常是由铝合金铸造或锻造而成，活塞的各部名称如图5-1所示。

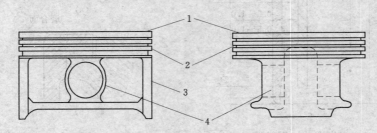

图5-1 活塞的结构

1—活塞顶；2—活塞头部；3—活塞裙部；4—活塞销孔

活塞是发动机中工作条件最严酷的零件。作用在活塞上的有气体力和往复惯性力，这些力都是周期性变化的，且最大值都很大。如增压发动机的最高燃烧压力可达14～16MPa，这样大的机械负荷作用在形状复杂的活塞上，可能引起活塞变形，活塞销座开裂，第一道环岸折断。

活塞顶与高温燃气直接接触，导致活塞顶的温度很高，活塞各部的温差很大。温度高使活塞材料的机械强度显著下降，活塞的热膨胀量增大，从而使活塞与其相关零件的正确配合遭到破坏。另外，由于冷热不均所产生的热应力容易使活塞顶表面开裂。柴油机活塞的热负荷比汽油机活塞更为严重，这是因为柴油机活塞与燃烧气体的对流换热比较强烈，燃烧生成的炭烟使火焰的热辐射能力增强，活塞顶上的燃烧室凹坑使活塞受热面积增大等。

活塞在侧压力的作用下沿气缸壁面高速滑动，由于润滑条件差，因此摩擦损失大，磨损严重。

根据上述工作条件，活塞结构及所用材料应满足下列要求。

(1) 活塞应该具有足够的强度和刚度，合理的形状和壁厚。合理的活塞裙部形状，可以获得最佳的配合间隙。活塞质量应尽可能的小。

（2）受热面小，散热好。高强化发动机的活塞应进行冷却。

（3）活塞材料应该是热膨胀系数小、导热性能好、比重小，具有较好的减摩性和热强度。

5.2 活 塞 材 料

现代汽车发动机不论是汽油机还是柴油机广泛采用铝合金活塞，只在极少数汽车发动机上采用铸铁或耐热钢活塞。

铝合金的优点是比重小，约为铸铁的 1/3，因此铝合金活塞质量轻，在发动机工作时产生的往复惯性力小。铝合金的另一个优点是导热性好，其导热系数约为铸铁的 3～4 倍。因此，铝合金活塞工作温度低，温度分布均匀，对减小热应力、改善工作条件和延缓机油变质都十分有利。铝合金的缺点是热膨胀系数大，另外当温度升高时，其机械强度和硬度下降较快。通过结构设计和调整材料配方等措施可以弥补这些缺陷。

目前铝合金活塞多用含硅 12% 左右的共晶铝硅合金和含硅 18%～23% 的过共晶铝硅合金制造，外加镍和铜，以提高热稳定性和高温机械性能。在铝合金中增加硅的含量，可以提高活塞表面的耐磨性。铝合金活塞毛坯可用金属型铸造、锻造和液态模锻等方法制造。用后一种方法制得的毛坯组织细密，无铸造缺陷，可以实现少切削或无切削加工，使金属利用率大为提高。

越来越多的大功率柴油机采用球墨铸铁或钢制成的薄壁活塞（图 5-2），这种活塞具有高强度和耐高温等特点，比铝合金的热膨胀量小，具有小的气缸间隙，气缸与活塞间隙随负荷变化小。但由于质量增加使往复惯性力增大，要求增大连杆轴承与主轴承的承载面积，这对连杆大头盖的设计是个挑战，因此，为了减小惯性力通常采用薄壁活塞结构并减小裙部面积，如图 5-2 所示。

另外，在有些重型柴油机中采用如图 5-3 所示的活结连接式活塞，这种活塞采用铁或钢制成的活塞头部，活塞裙部采用合金铝制成，头部和裙部在连杆小头共用一个活塞销。活结连接式活塞具有像铁活塞一样的耐热性，同时由于采用铝合金作为裙部，使重量减轻。对于更大一些的发动机采用组合活塞，组合活塞是把铁或钢的活塞头部通过螺栓与铝的活塞裙部连接。

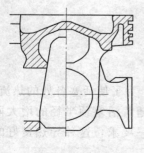 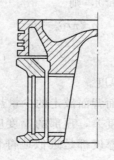 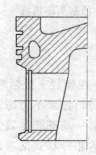

图 5-2 钢制活塞　　图 5-3 活结式活塞　　图 5-4 具有冷却通道活塞

在很多重型发动机上也采用铝活塞，但在活塞内部紧靠活塞环处开有冷却通道，用压力油直接喷射到该冷却通道，可以有效控制活塞头部和第一道气环的温度，图 5-4 是一个具有冷却通道的铝活塞结构。带冷却通道的活塞也越来越多的应用在高功率输出的汽车发动机上。由于冷却通道设计对控制活塞温度非常有效，在设计这种活塞时，冷却喷嘴的位置设计至关重要。

5.3 活塞的结构设计

5.3.1 活塞头部

如前所述，活塞头部的设计应着重解决下述问题：使头部具有足够的刚度和强度，及时把传入活塞顶的热量散出，与活塞环配合实现密封。

活塞顶的形状应满足燃烧室形状的设计要求。活塞顶的基本形状有 3 种：平顶、凸顶和凹顶。平顶活塞在汽油机和预燃室及涡流室式柴油机中应用最广，这种活塞顶与高温燃气直接接触的表面最小，机械强度高、制造简单。凸顶活塞有助于气体在气缸中做有组织运动，但由于缺点较多，已很少采用，目前仅用于某些小功率二冲程内燃机上。

在柴油机中，由于压缩比高，以及在采用增压时，气门重叠角度大，为了避免气门与活塞顶相撞，常在活塞顶上挖有"避碰凹坑"。

特别是在柴油机中，活塞顶面的形状大都比较复杂，而且工作条件又恶劣，在设计时应注意防止由于各处受热不均匀产生过大的热应力，以致活塞顶部出现裂纹和烧坏的情况。

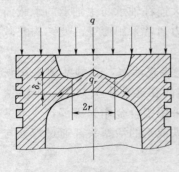

图 5-5 活塞头部热流

活塞头部的散热问题是活塞设计中应着重解决的问题。如前所述，传入活塞顶的热量，绝大部分是通过活塞环以及活塞裙部传到气缸，再由冷却水带走。对于非冷却的活塞（即活塞本身不加冷却措施）来说，假设流入活塞顶面的热量全部由活塞环散走，则在环绕活塞中心、半径为 r 的范围内，流入活塞顶的热量将全部流过活塞顶部以半径为 r 的相应的环形截面（图 5-5）。假如在单位时间内活塞顶的受热强度为 q（kJ/m^2），在相应环形截面中的热流强度为 q_r（kJ/m^2），则

$$q_r 2\pi r\delta_r = q\pi r^2$$

$$\delta_r = \frac{q}{2q_r}r$$

式中 δ_r——在半径 r 处活塞顶的厚度。

上式说明，如果不考虑通过顶面背面散走的少量热量，为了使活塞各处的热流强度相等，不致在某一局部产生较大的温度差，顶部的厚度应该随着活塞顶半径的增大而增加。许多柴油机的非冷却式活塞的顶部厚度都是近似地符合这一要求，这种导热良好的活塞，通常称为"热流型"活塞。

活塞头部要安装活塞环，侧壁必须加厚，一般取 $(0.05\sim0.1)D$。为了改善散热状

况，活塞顶与侧壁之间应该采用较大的过渡圆角，一般取 $R=(0.05\sim0.1)D$（图5-6）。

为了降低第一道环槽附近的温度，常常在第一道环槽上面开一道很窄的绝热槽 [图5-7(a)]，使热流偏离第一道环；增大第一环到活塞顶的高度以及加大防漏部的壁厚 [图5-7(b)]，对于降低活塞环的工作温度都有效果。

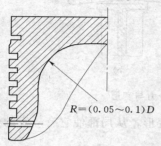

图5-6 活塞头部过渡圆角

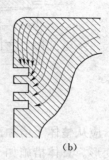

(a)   (b)

图5-7 减小第一道环热负荷措施

为了保证第一道环的散热条件，环槽位置的确定还应当与气缸水套腔的位置对应起来。一般当活塞在上止点位置时，水套腔的高度不得低于第一道气环所处的高度，从而能确保第一道气环得到充分的冷却（图5-8）。

在负荷很高的柴油机中，上述散热情况还不能使活塞头部的温度降低到允许的范围内，这将使材料的机械性能显著下降以及使活塞环丧失工作能力，从而破坏活塞组的正常工作。为了解决随着强化程度的提高而热负荷不断提高的矛盾，人们在实践中想出了许多办法，冷却活塞是一个行之有效的方法。

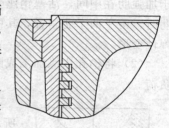

图5-8 第一道环与水套
高度位置关系

常用的冷却方式可分为喷射冷却、振荡冷却和循环冷却。在实际工作中，应根据活塞需要带走的热量和要求的温度降低值，确定冷却方式及机油流量。

5.3.2 活塞销座

活塞销座的结构设计必须和活塞销设计同时考虑。销座应当有足够的强度和适当的刚度，使销座能够适应活塞销的变形，避免销座产生应力集中而导致疲劳破裂；同时要有足够的承压表面和较高的耐磨性。

一般希望活塞销的直径大一些，这样可以增加活塞销的刚度、强度以及增大销座的承压面积。但是，对于高速内燃机而言，活塞销直径增大，活塞组的质量和惯性力都要增加。从活塞的结构看，其各部分之间都有适当的比例范围，不能将活塞销孔的尺寸做得很大。因此，当缸径确定之后，其活塞销孔的尺寸范围也大致被确定了。

在膨胀过程中，活塞顶受气体力作用，活塞销座部分承受活塞销的反作用力。活塞在受气体力作用下使活塞顶要向内产生弯曲变形，而活塞销的中部向上弯曲（图5-9），这两种变形使活塞销内缘处接触应力过大。当应力超过材料的强度极限时，就会产生裂纹。

为了减轻销孔内侧的压力集中，在设计时应使活塞销有较大的刚度，由此减小它的弯

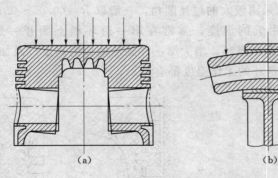

图 5 - 9 活塞销座及活塞销的受力与变形

曲变形。应从整体上增加活塞销座的刚度，减小它的变形；从局部使它有一定的弹性以适应局部变形。具体措施如下：

（1）在活塞销座与顶部连接处设置加强筋，这可增加活塞座的刚度。采用单肋时，由于加强肋在中间，活塞销座弹性较差，易在销孔内侧上部产生较高的局部应力。当采用双肋时，由于两个肋斜置，其中间有一凹穴，活塞销座有一定弹性，能较好地适应活塞销的弹性变形。

（2）将销孔内缘加工成圆角、倒角或销座设计成弹性结构，以减小销座边缘处的棱缘负荷。

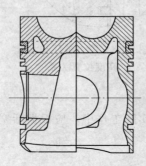

图 5 - 10 梯形销座

（3）增大销座承压表面的长度及采用梯形销座。如图 5 - 10 所示，梯形销座是一种比较合理的结构。由于在增加了销座的上承压面的长度后，可以减小比压，这就减少了产生裂纹的可能性。另一方面，与梯形销座形状相适应，连杆小头亦要做成梯形形状，这对减小连杆小头下承压面的比压是有利的。因此，这种结构在强化发动机中被广泛采用。

（4）滚压销座孔。例如，对共晶铝硅合金或 Y 型铝铜合金的活塞座孔，采用滚压工艺措施，可提高销座抗裂性能约 20% ~30%。

（5）材料的选择。当所用材料的机械性能较差时，可以考虑换用质量较好的材料，例如，可选用韧性好的锻造材料或者在销座内压入青铜衬套。

（6）适当加大活塞销与销座的配合间隙，要求在冷态时就有间隙（约 0.005mm），其目的也是为了改善销座的工作情况。

5.3.3 活塞裙部

裙部的主要作用是引导活塞运动，并承受气体侧向力的作用。

设计活塞裙部时，必须注意保证裙部在工作时具有正确的圆柱体形状，裙部和气缸之间的间隙要最小，以及适当的比压。这些是保证活塞在气缸中得到正确导向、减小摩擦磨损和噪声等的重要条件。

早期的活塞裙部做成正圆柱形，在发动机运转时活塞裙部与气缸在活塞销方向上经常发生拉毛现象。分析其原因，主要是由于裙部在工作时的变形所引起的。为此，需要研究活塞的变形情况，掌握裙部的设计特点。

图 5-11 为活塞在发动机中工作时裙部的变形情况。

（1）活塞受到侧向力 F_N 作用。承受侧向力作用的裙部表面，一般只是在两个销孔之间 $\beta=80°\sim100°$ 的弧形表面。这样，裙部就有被压偏的倾向，使它在活塞销座方向上的尺寸增大 [图 5-11(a)]。

（2）由于加在活塞顶上的爆发压力和惯性的联合作用，使活塞顶在活塞销座的跨度内发生弯曲变形，使整个活塞在销座方向上的尺寸变大 [图 5-11(b)]。

（3）由于温度升高引起热膨胀，其中销座部分因壁厚较其他部分要厚，所以热膨胀比较严重 [图 5-11(c)]。

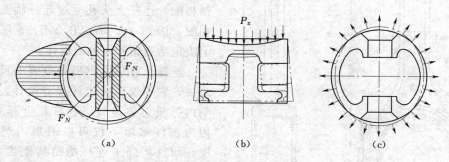

图 5-11 活塞裙部在工作中的 3 种变形

上述 3 种情况共同作用的结果都使活塞在工作时沿销座方向涨大，使裙部截面的形状变成为椭圆形，在椭圆形长轴方向上的两个端面与气缸间的间隙消失，以致造成拉毛现象。在这些因素中，机械变形影响一般并不严重，主要还是受热膨胀产生变形的影响比较大。

因此，为了避免拉毛现象，在活塞裙部与气缸之间必须预先留出较大的间隙。当然间隙也不能留得过大，否则又会产生敲缸现象。解决这个问题的比较合理的方法应该是尽量减小从活塞头部流向裙部的热量，使裙部的膨胀减低至最小，活塞裙部形状应与活塞的温度分布、裙部壁厚的大小等相适应（例如在温度较高、裙部壁厚的地方应留出较大的间隙）。

防止裙部变形的方法有：选择热膨胀系数小的材料，进行反椭圆设计，采用隔热槽，销座采用横范钢片，裙部加钢筒等。热负荷比较严重的活塞环带也设计成椭圆，但与裙部的椭圆度不同。

5.4　连杆的结构设计

连杆组件是内燃机主要的受力件之一，它在缸内气体压力的压缩及往复惯性力和离心惯性力拉伸作用下应具有足够的强度，以防疲劳破坏。连杆组包括连杆体、连杆盖和连杆螺栓。连杆组的设计应该首先保证它们具有足够的疲劳强度。连杆大头特别要注意有足够的刚度，以免连杆轴承或连杆螺栓受过大的附加载荷。同时为了减轻曲轴与机体所受的惯性力，连杆组件的质量应尽可能的小。由于它们的应力水平都很高，必须选用高强度的材料，优化尺寸和形状，并采用提高强度的先进工艺措施。

连杆一般用优质中碳钢 45 号钢模锻，强化机型用 40Cr 等合金钢，毛坯要经调质处理，非加工表面要经过喷丸强化。连杆螺栓必须用中碳合金钢制造，经调质以保证高强度（屈服极限 $\sigma_s > 800\text{MPa}$）。

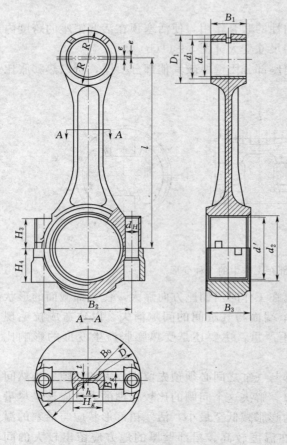

图 5 - 12　连杆主要设计尺寸

连杆的结构形式如图 5 - 12 所示，其基本尺寸有连杆长度 l、连杆小头和大头孔直径 d_1 和 d_2 及宽度 B_1、B_3，还有连杆工字形断面尺寸 H_g 和 B_g 等。

由于连杆小头孔通过小头衬套与活塞销相配，连杆大头孔通过连杆轴瓦与曲轴相配，因而 d_1、d_2、B_1、B_3 等尺寸基本上决定活塞销和曲轴的设计。

连杆长度是内燃机最重要的尺寸参数之一，它不仅影响连杆本身设计，而且影响内燃机总体设计。连杆长度越短越好，因为连杆缩短不仅可以缩短内燃机总高度，而且增强了连杆的结构刚度。不过，连杆长度缩短使曲柄连杆比 λ 增大，从而使二级往复惯性力增大；同时由于连杆最大摆角增大，使活塞侧向力增大。短连杆的主要问题是当活塞处于下止点时曲轴平衡块可能与活塞裙部相碰。短连杆必须配用短活塞，或者把活塞销方向的裙部切除。目前最短的连杆对应 $\lambda = 1/3$ 左右，大部分内燃机的 $\lambda = 1/4 \sim 1/3.2$。短行程内燃机的 λ 相对较小，V 型内燃机由于平衡块很大，λ 也相对较小。从弯曲刚度和锻造工艺性考虑，连杆杆身多用工字形断面。中央断面的工字形高度 H_g 与宽度 B_g 之比一般为 $1.4 \sim 1.8$，而 $H_g/D = 0.25 \sim 0.35$（D 为气缸直径）。现代汽油机连杆杆身平均断面积等于活塞面积的 $2\% \sim 3.5\%$，柴油机为 $3\% \sim 5\%$。

连杆小头孔除要有足够的壁厚外，还要特别注意小头到杆身过渡的圆滑性，尽量减小这里的应力集中。连杆小头孔中压入青铜衬套，其厚度为 $0.5 \sim 1.5\text{mm}$（汽油机）和 $1.5 \sim 3\text{mm}$（柴油机）。

连杆大头为了与曲轴相配，通常都用剖分式结构。如果曲柄销直径不超过约 $65\%D$（D 为气缸直径），连杆大头一般采用平切口。若曲柄销直径超过 $65\%D$，则需要采用斜切口。采用斜切口连杆时要考虑连杆大头盖的定位，防止连杆螺栓承受切向力。斜切口连杆大头结构不对称，两叉一长一短，较长的一叉刚度不足。同时，斜切口连杆承受惯性力拉伸时，沿连杆体与连杆盖的接合面方向作用着很大的横向力，需要采用可靠的定位元件，定位的方式有止口定位［图5-13（a）］、锯齿定位［图5-13（b）］和套筒定位［图5-13（c）］，但都使结构复杂化。同时，高强度轴承材料的出现允许提高轴承比压。

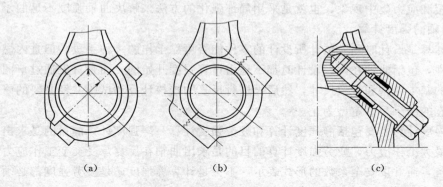

（a）　　　　　　　　（b）　　　　　　　　（c）

图5-13　斜切口连杆盖的定位方式
（a）止口定位；（b）锯齿定位；（c）套筒定位

现代高速内燃机的发展趋势是尽量采用平切口连杆，即使是高速增压柴油机也是这样，这是由于曲轴材料和结构强度提高了，并为了减小摩擦损失而尽量减小轴颈直径。

连杆大头形状的设计要特别注意降低应力集中。例如，连杆螺栓的支承面往往是裂纹的源头，应有足够的过渡圆角并仔细加工。

连杆螺栓的应力，一部分决定于压紧轴瓦所需的力，一部分决定于惯性力。即使是高速内燃机，每个连杆螺栓压紧轴瓦而产生的负荷也是超过由惯性力而产生的负荷。连杆螺栓可按高强度螺栓连接的规范进行强度计算。初步估计时，可取连杆螺栓的螺纹外径等于（0.1～0.2）D（汽油机）和（0.12～0.14）D（柴油机）。

5.5　曲轴的结构设计

5.5.1　曲轴的工作条件和设计要求

在不断周期性变化的气体压力、往复和旋转运动质量的惯性力以及它们的力矩共同作用的，曲轴既扭转又弯曲，并产生疲劳应力。对于曲轴来说，弯曲载荷具有决定性作用，而扭转载荷仅占次要地位（不包括因扭转振动而产生的扭转疲劳破坏）。曲轴破坏的统计分析表明，80%左右的疲劳破坏是由弯曲疲劳产生的。因此，曲轴结构强度研究的重点是弯曲疲劳强度。

曲轴形状复杂，应力集中现象严重，特别是在曲柄至轴颈的圆角过渡区、润滑油孔附近以及加工粗糙的部位应力集中现象尤为突出。疲劳裂纹几乎全部产生于应力集中最严重的过渡圆角和油孔处。图5-14表示常见的曲轴弯曲疲劳破坏和扭转疲劳破坏情况。弯曲疲劳裂缝从轴颈根部表面的圆角处发展到曲柄上，基

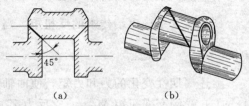

（a）　　　　（b）

图5-14　曲轴疲劳破坏形式
（a）弯曲疲劳；（b）扭转疲劳

本上成 45°折断曲柄；扭转疲劳破坏通常是从机械加工不良的油孔边缘开始，约成 45°剪断曲柄销。所以在设计曲轴时要使它具有足够的疲劳强度，特别要注意强化应力集中部位，设法缓和应力集中现象，也就是采用局部强化的方法来解决曲轴强度不足的矛盾。

5.5.2　曲轴的强度计算

强度计算是设计时预先估计所设计的零件能否可靠工作的一种手段。但是内燃机的许多主要零件，包括曲轴在内，设计时都不是由计算强度开始的，而是首先通过草图设计确定各部分的基本结构和大致尺寸，然后再进行反复的校核计算和试验并经必要的修改，直到达到满意的结果予以定型为止。

曲轴强度计算主要包括静强度计算和疲劳强度计算。静强度计算的目的是求出曲轴各危险部位最大工作应力，疲劳强度计算的目的是求出曲轴在反复承受交变工作应力下的最小强度储备，通常以安全系数的形式表示。不论是计算静强度还是疲劳强度都必须首先对曲拐进行正确的受力分析，求得曲拐各截面上的弯矩和扭矩。

对于曲轴弯矩和扭矩的计算，目前采用的方法主要有两种：一种是分段法；另一种是连续梁法。分段法适用于单拐曲轴和对多拐曲轴作简略估算；连续梁法则适用于各种多拐曲轴。下面以分段法为例，说明曲轴强度计算的步骤和方法。

1. 曲轴的受力分析

为了方便，在进行受力分析时假设曲轴是一个不连续梁，且每一个曲柄都是自由地支承在相邻两个主轴颈中点处。假设曲柄受的作用力是集中的，且不考虑由于扭振等引起的附加作用。

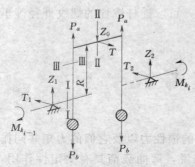

图 5-15 单个曲柄受力情况

图 5-15 为单个曲柄受力情况，由此分析曲柄上的力和力矩包括以下部分：

（1）沿曲柄半径方向的径向作用力 Z_0。其中包括：燃气作用力和往复惯性力所产生的径向力 Z；连杆旋转运动部分的离心力 P_{c1}；曲柄销旋转离心力 P_{c2}。

（2）燃气作用力和往复惯性力所产生的切向力 T。

（3）曲柄臂的旋转离心力 P_a。

（4）平衡重的离心力 P_b。

（5）主轴承的径向反作用力 Z_1 和 Z_2。

（6）主轴承的切向反作用力 T_1 和 T_2。

（7）从曲轴自由端传来的扭矩。当计算第 i 个曲柄时，此扭矩 $M_{k_{i-1}} = \sum_1^{i-1} T_i R$。

（8）从功率输出端传来的反扭矩。当计算第 i 个曲柄时，此反扭矩 $M_{k_i} = -(M_{k_{i-1}} + T_i R) = -\sum_1^i T_i R$。

上述周期性变化的力和力矩，使曲轴产生交变的疲劳应力。主轴颈图 5-15 中（断面 I—I）受到交变扭矩 $M_{k_{i-1}}$、支反力 Z_1 在曲柄平面内的弯曲作用，以及支反力 T_1 在垂直于曲柄平面内的弯曲作用。因此，主轴颈受力后产生扭转和弯曲的交变应力。由于主轴颈一般做得很短，弯曲的作用较小，因此计算时只考虑交变的扭转作用。

曲柄销图 5-15 中（断面Ⅱ—Ⅱ）受到曲柄平面内 Z_1、P_a 及 P_b 产生的合成弯矩的作用，垂直于曲柄平面的 T_1 产生的弯矩的作用以及 $M_{k_{i-1}}$ 和 T_1 产生的扭矩 T_1R 的扭转作用，因此曲柄销上的应力也是扭转和弯曲的交变应力。

曲柄图 5-15 中（断面Ⅲ—Ⅲ）的受力情况更为复杂，包括：

（1）由 Z_1 和 P_b 产生的拉伸或压缩应力。

（2）在曲柄平面内由 Z_1 产生的弯曲应力。

（3）在垂直于曲柄平面内由 $M_{k_{i-1}}$ 及 T_1 产生的弯矩形成的应力。

（4）由 T_1 产生的扭矩引起的应力。

因此，曲柄臂的应力具有交变的拉压、弯曲和扭转的复合性质。

由上述分析可见，曲轴各部位受力情况是不同的，以曲柄臂受力情况最严重。从曲轴损坏的统计来看，其中主轴颈损坏占 10%，曲柄销损坏占 34%，曲柄臂损坏占 56%。

曲轴在工作中产生弯曲疲劳和扭转疲劳，由于曲轴箱和曲柄臂刚度不足和曲轴加工精度的影响以及主轴承不均匀磨损造成的不同心度所产生的附加应力，使弯曲疲劳造成的损坏超过扭转疲劳损坏。

2. 疲劳计算

由于曲轴是反复承受交变应力的零件，因此对曲轴进行疲劳强度校核。

零件的疲劳强度决定于所受应力的循环变化的幅度及变化的不对称、零件的形状和尺寸、零件的表面状态、材料的结构以及机械加工和热处理的方法等。计算的结果由安全系数来表示。

曲轴的疲劳强度计算，主要是计算最危险的安全系数，如过渡圆角和油孔边缘处等，并且是按最危险的工况进行计算，即找出运转过程中可能出现的应力变化的最大幅度 σ_a 和 τ_a

$$\sigma_a = \frac{\sigma_{\max} - \sigma_{\min}}{2} \quad 及 \quad \tau_a = \frac{\tau_{\max} - \tau_{\min}}{2}$$

此时平均应力为

$$\sigma_m = \frac{\sigma_{\max} + \sigma_{\min}}{2} \quad 及 \quad \tau_a = \frac{\tau_{\max} + \tau_{\min}}{2}$$

弯曲安全系数 n_σ 及扭转安全系数 n_τ 分别为

$$\left. \begin{aligned} n_\sigma &= \frac{\sigma_{-1}}{\dfrac{K'_\sigma}{\varepsilon_\sigma \beta} \sigma_a + \varphi_\sigma \sigma_m} \\[2em] n_\tau &= \frac{\tau_{-1}}{\dfrac{K'_\tau}{\varepsilon_\tau \beta} \tau_a + \varphi_\tau \tau_m} \end{aligned} \right\} \qquad (5-1)$$

式中　σ_{-1}、τ_{-1}——在对称应力循环下材料弯曲及扭转疲劳极限；对于结构钢一般可取 $\sigma_{-1} = 0.45\sigma_B$ 和 $\tau_{-1} = (0.55 - 0.60)\,\sigma_{-1}$；$\sigma_B$ 为材料的拉伸强度极限；或者参见表 5-1 中所列的数据选用；

$\quad\quad$ K'_σ、K'_τ——有效应力集中系数，如何选取将在下面详细讨论；

$\quad\quad\quad$ β——强化系数，也称工艺系数。考虑强化后的工艺系数可在表 5-3 中

查取;

ε_σ、ε_τ——尺寸影响系数,碳钢和合金钢由表 5-2 选取,球墨铸铁的值可取 0.9 倍相同尺寸碳钢的尺寸影响系数;

φ_σ、φ_τ——材料对应力循环不对称的敏感系数

$$\varphi_\sigma = \frac{2\sigma_{-1}-\sigma_0}{\sigma_0} \quad \text{及} \quad \varphi_\sigma = \frac{2\tau_{-1}-\tau_0}{\tau_0}$$

其中 σ_0、τ_0 分别为材料在脉冲循环下的疲劳极限,对于钢

$$\sigma_0 = (1.4-1.6)\sigma_{-1}$$

$$\tau_0 = (1.6-20)\tau_{-1}$$

在求出 n_σ 及 n_τ 后,可求得综合安全系数

$$n = \frac{n_\sigma n_\tau}{\sqrt{n_\sigma^2 + n_\tau^2}} \tag{5-2}$$

表 5-1   曲轴常用材料的静强度与疲劳强度

项目材料	极限强度 σ_B (MPa)	屈服极限 σ_s (MPa)	延伸率 δ (%)	冲击韧性 α_k (J/cm²)	HB	弯曲疲劳极限 σ_{-1} (MPa)	扭转疲劳极限 τ_{-1} (MPa)	比 率		
								σ_{-1}/δ_B	τ_{-1}/δ_B	τ_{-1}/σ_{-1}
未热处理 (珠光体—铁素体基体)	680~700	—	3.0~10	30~60	269~285	230		0.34	—	—
退火后 (铁素体基体)	480~520	300~330	14~20	60~150	170~187	150~200		0.38	—	—
正火后 (球光基体)	700~800	500~640	2.0~4.0	15~25	241~300	220~265	175~195	0.35	0.25	0.74~0.8
等温淬火后 (托氏体—铁素体基体)	780~810	—	5~7	28~35	241~255	335	246	0.42	0.31	0.73
45 号钢	620~740	365~450	20~26	46~52	187~207	300~335	160~187	0.45	0.28	0.67

表 5-2   结构钢的尺寸影响系数 ε_σ、ε_τ

轴颈直径 (mm)	碳 钢		合 金 钢	
	ε_σ	ε_τ	ε_σ	ε_τ
40~50	0.84	0.78	0.73	0.78
50~60	0.81	0.76	0.70	0.76
60~70	0.78	0.74	0.68	0.74
70~80	0.75	0.74	0.68	0.73
80~100	0.73	0.72	0.64	0.72
100~120	0.70	0.70	0.62	0.70
120~150	0.68	0.68	0.62	0.68
150~500	0.60	0.60	0.54	0.60

表 5-3   强化系数 β（亦称工艺系数）

表面强化方式	结 构 钢	球墨铸铁
模锻曲轴	1.10	—
滚压圆角	1.20~1.70	1.50~1.90
气体软氮化	—	1.40~1.50
氮化	1.30	1.30
圆角碎火	1.30~2.00	—
喷丸	1.30~1.40	

有时，为了能够近似地估计扭转振动对扭转应力安全系数的影响，取经验的动载系数

$$\lambda_d = 1.07 + 0.07(m-3)$$
$$n_\tau' = n_\tau / \lambda_d$$

(5-3)

式中 m——曲轴的曲拐数。

曲轴的安全系数是个经验数值。它取决于计算方法的准确性，也和材料的均匀性、零件制造的工艺水平、零件的工作特点等因素有关。在制造工艺稳定的条件下，对钢制曲轴取 $[n] \geqslant 1.5$，汽车发动机曲轴的安全系数取值可略低 $[n] \geqslant 1.3$；对于高强度球铁曲轴，由于材料质量不均匀，且疲劳强度的分散度较大，应取 $[n] \geqslant 1.8$。

当已知曲拐实物疲劳试验数据时，n_σ 及 n_τ 可直接用下式求得

$$n_{\sigma,\tau} = \frac{[M]_{-1}}{M_a + \varphi M_m}$$

(5-4)

其中

$$M_a = \frac{1}{2}(M_{\max} - M_{\min})$$

$$M_m = \frac{1}{2}(M_{\max} + M_{\min})$$

式中 $[M]_{-1}$——在纯弯曲（或扭转载荷）下，曲拐疲劳极限（弯矩幅值或扭矩幅值）；

$M_{\max}$——曲柄臂最大工作弯矩（或扭矩）；

$M_{\min}$——曲柄臂最小工作弯矩（或扭矩）。

5.5.3 曲轴的结构设计

1. 曲轴轴颈

曲轴轴颈包括主轴颈和曲柄销。

主轴颈和曲柄销是内燃机中最重要的两对摩擦副，它们设计的好坏对内燃机的工作可靠性、外形尺寸及维修等都有重要影响。

轴颈的尺寸和结构与曲轴的强度、刚度及润滑条件密切相关。轴颈的直径越大，曲轴的刚度也越大，但轴径过大，会引起表面圆周速度增大，导致摩擦损失和机油温度升高。特别是曲柄销直径的增大会引起旋转离心力及转动惯量的剧烈增大，而且曲柄销直径的增大会使连杆大头的尺寸增大，这不利于连杆通过气缸取出，因此曲柄销直径总是小于主轴颈直径。

在保持轴承比压不变的情况下，采用较大的主轴颈直径，可以减小主轴颈长度，这有利于缩短内燃机的长度及加大曲柄臂的厚度。采用短而粗的主轴颈可以提高曲轴扭振的自

振频率，减小在工作转速范围内产生共振的可能性。

从润滑观点或受力情况出发，主轴颈做得短而粗是可行的，因为主油道的机油首先供应主轴承，润滑条件好，另外，主轴颈所受的载荷都比曲柄销小些。

对于曲柄销，由于直径小，其轴颈长度就要取得长些。为了使轴承能及时散热，并保证轴承的正常承载能力，轴承的直径与长度应有一定的比例。

各曲柄销的长度都应相等，各主轴颈的长度可以是相等的，也可以是不完全相等的。当曲轴中央主轴承前、后两个曲柄位于同一平面的同一方向时，由于中央主轴承受到较大的离心力作用，有时中央主轴颈作得比其他轴颈长些。此外，最后端的主轴承受到飞轮的影响，负荷较大，有时也作得长一些。

为了减轻曲轴的重量，提高曲轴的疲劳强度，有时将曲轴轴颈作成中空的。有时利用曲轴各轴颈的空心作为油道以润滑各轴承。中空结构可以改善圆角的应力分布，提高疲劳强度；同时这种结构也可以相对地加强曲柄臂刚度，缓和过渡圆角处的应力集中，使曲轴中应力分布比较均匀。

2. 曲柄臂

曲柄臂在曲柄平面内的抗弯刚度和强度都较差，往往因受交变弯曲应力而引起断裂。曲柄臂是整体曲轴上最薄弱环节，设计时应注意选择适当的厚度和宽度，并选择合理的形状，以改善应力分布状况。

增大曲柄臂的厚度和宽度都可以增大曲柄臂的强度。从提高曲柄臂的抗弯强度看，增大曲柄臂厚度比增加宽度效果更好。这是因为增加厚度使过渡圆角处的应力分布趋于均匀，而增加宽度则起不到这种作用。因此在确定缸心距这个重要参数时要充分考虑曲柄臂的厚度。

现代高速内燃机大多采用椭圆形断面的曲柄臂，这种曲柄臂去掉了受力小或不受力的部分，使得重量减轻，并且应力分布均匀。这种曲柄臂因不便机械加工，只能采用模锻或铸造直接成型。当某些强化柴油机采用合金钢作曲轴材料时，由于需要对曲柄臂进行机械加工并抛光以提高疲劳强度，在这种情况下不宜采用椭圆形曲柄臂，而只能采用圆形断面的曲柄臂。

随着内燃机冲程缸径比的减小及曲轴轴颈的增大，曲柄销和主轴颈产生重叠，此时，有一部分力可以直接传递到主轴颈，因而改善了曲柄臂的受力状态。通常用重叠度 Δ 来表示重叠度的大小，即

$$\Delta = \frac{D_1 + D_2}{2} - R$$

式中 D_1、D_2——主轴颈与曲柄销的直径；

R——曲柄半径。

当重叠度增加时，曲柄臂的刚度随之增大，同时曲轴的截面变化比较缓和，这改善了应力集中现象，提高了疲劳强度。据测量，当重叠度 Δ 超过 10mm 时，曲轴弯曲疲劳强度极限显著提高。当 $\Delta = 20$mm 时，可提高 29%；当 $\Delta = 30$mm 时，可提高 73%。在曲柄臂较薄时，重叠度的影响更为显著。

在轴颈与曲柄臂的交界处，通常设计一个厚 0.25～1mm 的台阶，以便精磨轴颈和圆

角时，砂轮不与曲柄臂相碰。

在曲柄臂与轴颈的连接处，为了减小应力集中，提高疲劳强度，常采用圆角过渡。过渡圆角半径的增大与粗糙度的降低是增加曲轴疲劳强度的有效措施。圆角半径的增大使轴颈承压的有效长度缩短，因而会使轴承的承压面积减小。通常取圆角半径 $r=(0.05\sim 0.09)D_1$ 或 D_2，对于合金钢曲轴取值可偏大些。

3. 润滑油油道

曲轴上油道与油孔的设计，对于曲轴轴承的润滑及曲轴强度都有重要影响，因此必须十分慎重地选择油道方案与油孔的位置。

主轴承进油口一般设在上轴瓦上，因为这里轴承负荷最小。

曲轴油道的孔径应保证油孔出口处不会有过大的应力集中，不过分地削弱轴的强度，并能满足所需机油量。油孔直径通常取为 $(0.07\sim0.10)D_1$，最小不能小于 5mm。为了减小应力集中，油孔孔口必须进行倒圆并抛光。

油孔的位置应从曲轴的强度、轴颈负荷及加工工艺等综合考虑决定。从液体润滑观点看，进入轴颈的油孔应该在轴颈负荷较大、油膜厚度也较大的区域内，而出油孔应开在轴颈负荷较小的地方。

4. 平衡重

平衡重的作用是为了平衡离心惯性力及其力矩，有时也可平衡往复惯性力和力矩，并可减小主轴承的负荷。当用来减小主轴承负荷时，平衡重的位置、数目及尺寸应使内燃机在最常用的转速和负荷下，主轴承所受的平均单位压力最小，这就要根据此时主轴颈的载荷图而定。

设计平衡重时，应尽量不增加内燃机的尺寸，尽可能少增加重量，在满足动平衡的条件下，还能使曲轴的制造比较方便。

为了既减轻平衡重重量又到达相同的平衡效果，平衡重的重心应尽可能离曲轴中心线远些。如果是为了平衡力矩，则应在轴向距离最远的地方安置最大的平衡重，在具体布置时，在径向要防止其旋转时与曲轴箱发生干涉，也不应与活塞相碰。采用滚动轴承时，平衡重的径向尺寸还必须小于滚柱的外圆，以便将曲轴整体装入曲轴箱。至于平衡重的厚度，应使连杆能够从两个平衡重之间的空隙中通过。

总之，曲轴上是否需要安装平衡重和怎样决定平衡重的数目、大小及位置等问题，都要根据内燃机的用途、曲轴形状、常用工况的转速和负荷、结构和工艺上的简便程度等因素来决定，有时需要作几个方案进行对比。

第6章 配气机构设计

6.1 配气机构的总体设计要求与概述

配气机构是发动机的重要部件之一。它的功用是按照内燃机各气缸的工作次序和配气相位完成换气过程，并在压缩行程和做功行程时保证气缸的密封性。对配气机构的要求是应使内燃机换气良好，有较高的充量系数，并有良好的可靠性、动力性、经济性以及耐久性。

一般说来，设计合理的配气机构应具有良好的换气性能，进气充分，排气彻底，即具有较大的气门开启时间—断面值，泵气损失小，配气正时恰当。与此同时，配气机构还应具有良好的动力性能，工作时运动平稳，振动和噪音较小，不发生强烈的冲击磨损等现象，这就要求配气机构的从动件具有良好的运动加速度变化规律，以及不太大的正、负加速度值。而整个发动机配气凸轮机构是由凸轮轴驱动的，所以配气机构的这些性能指标在很大程度上取决于配气凸轮的结构。因此，在设计配气凸轮时应合理地选择参数、材料、结构型式，并制定恰当的加工工艺，同时凸轮型线的计算应在设计中给予足够的重视。对发动机气门通过能力的要求，实际上可理解为是对由凸轮外形所决定的气门位移规律的要求。显然，气门开闭迅速就能增大时间断面，但这将导致气门机构运动件的加速度和惯性负荷增大，冲击、振动加剧，机构动力特性变差。因此，对气门通过能力的要求与对机构动力特性的要求间存在一定矛盾，应视所设计发动机的特点，如发动机工作转速、性能要求、配气机构刚度大小等，主要在凸轮型线设计中兼顾解决。由此可见，配气凸轮是影响配气机构工作质量的关键零件，如何设计和加工出具有合理型线的凸轮是整个配气机构设计中最为关键的问题。发动机对配气凸轮型线设计的要求实际上可归结为对凸轮从动件即气门运动规律的要求。由于气门升程规律的微小差异会引起加速度规律的很大变动，因此在确定气门运动规律时，加速度运动规律最为重要。

近年来，随着发动机的高功率、高速化，人们对其性能指标的要求越来越高，要求其在高速运行的条件下仍然能够平稳、可靠地工作，这就对配气机构的设计提出了更高的要求。

（1）配气机构有足够大的气流通过面积，保证充气量大。气门的升程和凸轮型线是影响发动机扭矩和功率特性的重要因素，对废气排放、噪声和行驶舒适性也有很大影响。

（2）配气机构的动力学特性好，摩擦损失和噪声较低。同时气门弹簧力也对气门运动特性有一定的影响，特别对气门的弹跳起到很重要的作用。配气机构的噪声也是一个值得关注的问题，很大程度上决定了发动机噪声等级水平。

（3）对非可变配气机构必须进排气定时恰当，能够兼顾高速和低速工况性能。必须对凸轮的曲线进行优化设计，满足用户需求和发动机整体性能需要。

（4）便于制造和维修成本低。

6.2 配气机构的总体布置

气门式配气机构由气门组和气门传动组两部分组成，每组的零件组成则与气门的位置和气门驱动形式等有关。常见的机构形式有以下几种。

6.2.1 顶置气门

现代内燃机均采用顶置气门，即进、排气门置于气缸盖内，倒挂在气缸顶上。气道平滑，充气效率高，现代内燃机设计多采用这种结构模式。根据凸轮轴的位置的不同，分为下置式、中置式和顶置式3种。而根据气门驱动形式的不同，又可分为摇臂驱动、摆臂驱动和直接驱动3种类型。

1. 下置凸轮轴式

凸轮轴位于曲轴箱内的配气机构为下置凸轮轴式的配气机构，如图6-1(a)所示。内燃机工作时，曲轴通过正时齿轮副驱动凸轮轴旋转，凸轮轴再通过挺柱、推杆及摇臂控制气门的开启和关闭。这种配气机构，凸轮轴离凸轮近，可以简单地用一对齿轮传动，简化了曲轴与凸轮轴之间的传动装置，有利于发动机的布置。但是凸轮轴与气门相距较远，动力传递路线较长，零件多，整个机构的刚度差。在高转速时，可能破坏气门的运动规律和气门的正时启闭，因此不适用于高速内燃机，多用于转速较低的内燃机。

2. 中置凸轮轴式

中置凸轮轴式的配气机构如图6-1(b)所示。凸轮轴位于机体上部，与下置凸轮轴式的配气机构相比，减少了推杆或者推杆较短，从而减轻了传动机构的往复运动质量，增大了机构的刚度，适用于转速较高的内燃机。

3. 顶置凸轮轴式

传统的顶置气门机构中，气门布置在气缸盖中，而凸轮轴一般都布置在曲轴附件的机体中部（即采用下置凸轮轴

图6-1 顶置气门配气机构

式），两者相距较远，因此需要较多的传动零件，从而使机构复杂，提高了制造成本；另一方面，由于运动件质量大，刚度低，在发动机高速运转时易出现振动、气门机构脱离、气门反跳等现象，严重影响发动机的动力性和工作可靠性，缩短发动机的寿命，并产生噪声。如图6-1(c)所示，在顶置凸轮轴式配气机构中，凸轮轴被放置在气缸盖中气门的旁边，这样，凸轮通过摆动的杠杆就可把运动传给气门，传动机构运动件质量减轻，刚度提高，适于高速运转。现代的中小型车用内燃机，其额定转速都比较高，因而，顶置式凸

轮配气机构得到了越来越广泛的应用。但是，由于凸轮轴与曲轴相距较远，一般需要精密的高速传动链来驱动。

顶置凸轮轴式配气机构可分为单顶置凸轮轴式配气机构（SOHC）和双顶置凸轮轴式配气机构（DOHC）两类。

6.2.2　配气机构的传动形式

按曲轴与凸轮轴的传动方式有齿轮传动、链条与齿轮传动以及齿形皮带传动（图6-2）。

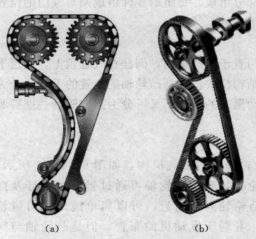

（a）　　　　　　（b）

图 6-2　配气机构传动形式

齿轮传动准确性和可靠性好，但噪声较大。为了啮合平稳减少噪声，正时齿轮多采用斜齿轮。在中、小功率的内燃机上，曲轴正时齿轮用钢制造，而凸轮轴齿轮则用铸铁或夹布胶木制造以减少噪声。这种传动方式多用于下置凸轮轴式或中置凸轮轴式配气机构。另外这种传动方式主要用于要求长寿命和大载荷的内燃机，如商用车和赛车内燃机。

链条传动是在曲轴和凸轮轴上各布置一个链轮，由链条驱动凸轮轴转动。常用的链条传动有单列链和双列链。单列链传动中，曲轴通过链条驱动凸轮轴。为防止链条因磨损松弛而产生定时误差，在链条侧面设有张紧机构和链条导板，用以调整链条的张力。双列链传动中，在凸轮轴链轮和曲轴链轮之间，布置了一个惰轮，利用惰轮实现凸轮轴的双级减速。链条传动可靠性好、传动阻力比齿轮小，在内燃机的布置上也比较容易。但润滑要求高、传动噪声较大、维护比较麻烦。这种传动方式多用于轿车顶置凸轮轴式配气机构。

齿形皮带传动就是在以合成橡胶为基体的传动带上压出齿形，与传动齿轮啮合而传递转矩。目前，常用的齿形带材料是高分子氯丁橡胶，中间夹有玻璃纤维和尼龙织物，以保证齿形带有较大的强度和较小的拉伸变形。齿形带的优点是无须润滑，工作噪声小，和链条相比，寿命略短。这种传动方式多用于顶置凸轮轴式配气机构。

6.2.3　配气机构的新发展

1. 无凸轮电磁气门

这种气门结构不用凸轮轴，在气门杆上装有两个电磁线圈和两个弹簧，如图6-3所示。内燃机不工作时，所有的气门在两个弹簧作用下处于半开半闭状态。发动机启动时，根据曲轴的位置判断气门的开关状态，给不同的线圈充电。气门开启状态下，下部线圈通电产生电磁感应力，压缩下部弹簧，而上部线圈不通电；气门关闭状态下，上部线圈通电，压缩上部弹簧，而下部线圈不通电。这种机构理论是最先进的，但现在还没真正产品化，并且还存在成本高、反应速度慢、气门落座时的冲击较大、内燃机的可靠性和气门的寿命低等问题。

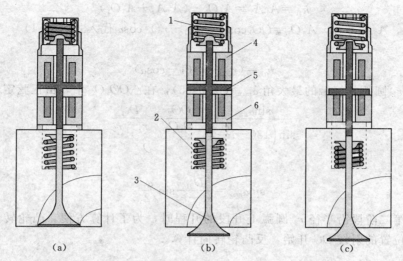

图 6-3 无凸轮电磁气门结构

（a）关闭状态；（b）中间状态；（c）打开状态

1—驱动弹簧；2—气门弹簧；3—气门；4—关闭磁铁；5—电枢；6—开启磁铁

2. 无凸轮电液驱动气门

图 6-4 为某电液驱动气门机构原理图。该系统有高压油源和低压油源，在气门杆顶端设计了液压活塞，活塞带动气门在液压腔中可以上、下往复运动。活塞上端面的控制室与高压油源和低压油源相连，下端面的液压腔始终与高压油源相通，压力保持恒定。虽然活塞上下端面液压腔的高压源相同，但是由于液压作用面积不同，即使都是高压流体作用时，上、下端面仍会产生压力差驱动气门向下加速运动。通过控制高、低压电磁阀的开启与关闭，改变控制室的压力，就可以实现气门运动的可变。与电磁式气门相比，电液式控制的自由度更大，能控制气门运行的速度，但是其动态响应速度却比电磁式要差。

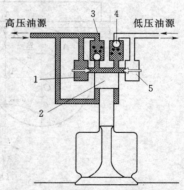

图 6-4 无凸轮电液式气门结构

1—高压螺线阀；2—双面作用柱塞；

3—高压检测阀；4—低压检测阀；

5—低压螺线阀

6.3 凸轮机构运动学和凸轮型线设计

6.3.1 挺柱运动学分析

挺柱的运动学是研究挺柱运动规律的，即讨论挺柱的升程 h_t、速度 v_t 和加速度 j_t 的变化规律。挺柱以平面形式居多，因此先重点研究平面挺柱的运动规律。

1. 平面挺柱升程的确定

当挺柱与凸轮 A 点相接触时（图 6-5），挺柱开始上升，转到 α 角处的升程为（在第一段弧上的升程）

$$h_{t1} = A_1A_2 = A_1O_1 - (A_2A_3 + A_3O_1) \tag{6-1}$$

把 $A_1O_1 = r_1$，$A_2A_3 = r_0$，$A_3O_1 = OO_1\cos\alpha = (r_1 - r_0)\cos\alpha$ 代入式（6-1）

整理变换得

$$h_{t1} = (r_1 - r_0)(1 - \cos\alpha) \tag{6-2}$$

挺柱与半径 r_1 圆弧相接触的最大角 $\alpha_{\max}$（图 6-5），在 $\triangle OO_1O_2$ 中，由正弦定理得

$$\frac{\sin\alpha_{\max}}{\sin\left(180° - \dfrac{\varphi_c}{2}\right)} = \frac{OO_2}{O_1O_2} = \frac{D_{01}}{r_1 - r_2}$$

由此得

$$\sin\alpha_{\max} = \frac{D_{01}}{r_1 - r_2}\sin\frac{\varphi_c}{2} \tag{6-3}$$

在计算挺柱第二阶段沿半径 r_2 圆弧上升段的升程时，为了计算方便，凸轮转角将由相当于气门全开位置的射线 OC 开始，反凸轮转向计算。

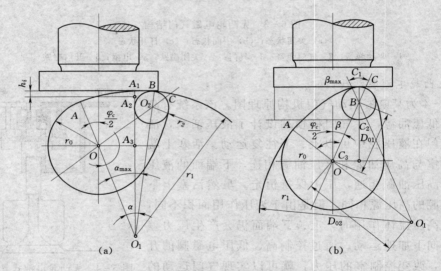

图 6-5　平面挺柱升程的确定

在 β 角处，挺柱的升程（图 6-5）

$$h_{t2} = C_1C_2 = C_1O_2 + O_2C_3 - C_2C_3 = r_2 + D_{01}\cos\beta - r_0 \tag{6-4}$$

因

$$O_2C_3 = OO_2\cos\beta, \quad OO_2 = D_{01}$$

则

$$h_{t2} = h_{t\max} - D_{01}(1 - \cos\beta)$$

最大角 $\beta_{\max}$ 可由下式求得

$$\alpha_{\max} + \beta_{\max} = \frac{\varphi_c}{2} \tag{6-5}$$

即

$$\beta_{\max} = \frac{\varphi_c}{2} - \alpha_{\max}$$

对上面挺柱升程与转角关系对时间进行求导，即可得到相应转角的速度。挺柱在第一段弧上的速度

$$V_{t1} = \frac{\mathrm{d}h_{t1}}{\mathrm{d}t} = \frac{\mathrm{d}h_{t1}}{\mathrm{d}\alpha} \times \frac{\mathrm{d}\alpha}{\mathrm{d}t} = \frac{\mathrm{d}h_{t1}}{\mathrm{d}\alpha}\omega_c = \omega_c(r_1 - r_0)\sin\alpha \tag{6-6}$$

式中　ω_c——凸轮轴角速度。

由上式可见 V_{t1} 在 α_{max} 时取得最大值。

挺柱在第二段弧上的速度

$$V_{t2} = \frac{\mathrm{d}h_{t2}}{\mathrm{d}t} = \frac{\mathrm{d}h_{t2}}{\mathrm{d}\beta} \times \frac{\mathrm{d}\beta}{\mathrm{d}t} = \frac{\mathrm{d}h_{t2}}{\mathrm{d}\beta}(-\omega_c) = \omega_c D_{01}\sin\beta \tag{6-7}$$

可见速度 V_{t2} 在 β_{max} 时取得最大值。

挺柱在第一段弧上的加速度

$$j_{t1} = \frac{\mathrm{d}V_{t1}}{\mathrm{d}t} = \frac{\mathrm{d}V_{t1}}{\mathrm{d}\alpha} \times \frac{\mathrm{d}\alpha}{\mathrm{d}t} = \omega_c^2(r_1 - r_0)\cos\alpha \tag{6-8}$$

挺柱在第二段弧上的加速度

$$j_{t2} = \frac{\mathrm{d}V_{t2}}{\mathrm{d}t} = -\omega_c^2 D_{01}\cos\beta \tag{6-9}$$

2. 平面挺柱最小半径的确定

为了避免凸轮卡住挺柱,应考虑平面挺柱底面最小半径。

如图 6-6 所示,在 $\triangle OO'B$ 中

$$O'B = OB_1 = OO_1\sin\alpha_{max} = (r_1 - r_0)\sin\alpha_{max}$$

得

$$O'B = \frac{r_1 - r_0}{r_1 - r_2}D_{01}\sin\frac{\varphi_c}{2}$$

如果凸轮相对于挺柱轴线偏移 a 时,则当凸轮宽度为 b 时,挺柱半径应不小于 $\frac{a+b}{2}$;如果凸轮与挺柱轴线对称布置,则 $a=0$,即得

$$r_{tmin} = \sqrt{(O'B)^2 + \left(\frac{b}{2}\right)^2} \tag{6-10}$$

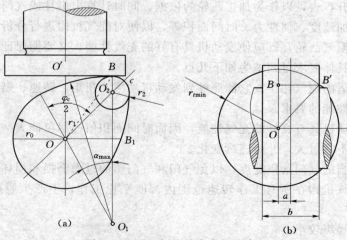

图 6-6　平面挺柱最小半径的确定

3. 滚子挺柱运动学

为了减少挺柱与凸轮间的摩擦和磨损，在大功率柴油机上，一般都采用滚子挺柱。

图 6-7 是平面挺柱运动规律与圆弧挺柱运动规律之间的几何转换关系图。根据几何关系，如果知道滚子挺柱的运动规律，则平面挺柱的运动规律为

$$h_t = (r_0 + r_m)(\cos\varepsilon - 1) + h_R\cos\varepsilon \qquad (6-11)$$

$$\tan\varepsilon = \frac{h_R'}{r_0 + r_m + h_R}$$

$$\varphi_c = \varphi_R + \varepsilon \qquad (6-12)$$

式中　h_R——滚子挺柱升程；

　　　h_R'——滚子挺柱几何速度；

　　　φ_R——滚子挺柱凸轮转角；

　　　h_t——平面挺柱升程；

　　　φ_c——平面挺柱凸轮转角。

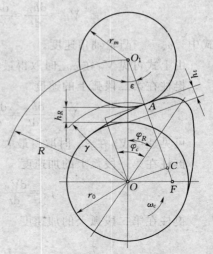

图 6-7　平面挺柱与圆弧挺柱运动
规律之间的几何转换关系图

如果已知平面挺柱规律，换算成滚子挺柱位移规律可用如下关系，即

$$h_R = \frac{1}{\cos\varepsilon}(r_0 + r_m + h_t) + (r_0 + r_m) \qquad (6-13)$$

$$\tan\varepsilon = \frac{h_t'}{r_0 + r_m + h_t}$$

$$\varphi_R = \varphi_c - \omega \qquad (6-14)$$

需要指出的是，换算后的挺柱位移不是等间隔凸轮转角上的，需要利用插值方法对换算后的挺柱位移整理为等间隔凸轮转角上的挺柱位移。

6.3.2　凸轮型线设计

6.3.2.1　凸轮型线设计的任务和要求

凸轮型线设计的任务是根据发动机的性能要求选择适当的凸轮廓线，编制以凸轮转角为自变量的挺柱升程表，以作为加工凸轮的依据，同时计算出挺柱或气门运动的一些重要参数，如速度、加速度、惯性力、时间面积等，以便对配气机构进行分析和比较。

一个良好的配气凸轮，既应使发动机具有好的充气性能，又要能保证配气机构工作平稳，安全可靠。具体要求可归纳为如下几点。

（1）具有合适的配气相位。它能照顾到发动机功率、扭矩、转速、燃油消耗率、急速和起动等各方面性能的要求。

（2）为使发动机具有良好的充气性能，因而时间面积值应尽可能大一些。

（3）加速度不宜过大，并应连续变化。

（4）具有恰当的气门落座速度，以免气门和气门座的过大磨损和损坏。

（5）应使配气机构在所有工作转速范围内都能平稳工作，不产生脱离现象和过大的振动。

（6）工作时噪声较小。

（7）应使气门弹簧产生共振的倾向达到最低程度。

（8）应使配气机构各传动零件受力和磨损较小，工作可靠，使用期限长。

凸轮型线设计一般采用以下两种方法。

（1）先选定凸轮外形和挺柱的型式，然后求出挺柱和气门的升程、速度、加速度和时间面积值，再根据求出的这些数值来校核所选凸轮的几何形状是否能够满足设计要求。

（2）从保证较大的时间面积值和较佳的配气机构动力学特征出发，预先给定挺柱升程规律而后求出凸轮的几何形状。

在近代高速强化发动机中则较多采用第二种方法，主要采用的是函数凸轮。

6.3.2.2 凸轮缓冲段设计

凸轮型线上的缓冲段高度主要是用于消除气门间隙和配气机构弹性形变。凸轮所对应的挺柱升程曲线在上升段和下降段各有一缓冲段，目前所见到的多数设计其上升和下降缓冲段取成相同的。缓冲段基本曲线类型要兼顾到缓冲段高度和缓冲段末段速度。

缓冲段设计包括两个问题：一是缓冲段函数的选择；二是缓冲段高度 H_{t0} 及其所占凸轮转角 φ_0 的确定。使挺柱沿设计的缓冲段运动时，速度不超过允许值。满足这个条件的缓冲段方程或函数有很多种，一般常用的有等加速—等速型，余弦函数型等。

1. 缓冲段高度 H_{t0} 的确定

缓冲段的高度 H_{t0} 应这样来考虑，即保证气门的启、闭均在缓冲段上进行。故高度 H_{t0} 应包括消除气门间隙 δ 所需的挺柱升程 $h_{t\delta} = \dfrac{\delta}{i}$ 和挺柱继续升起补偿传动机构为克服弹簧预紧力所产生的静变形

$$h_t = \frac{P_{n0} + F_r}{K_t} \qquad (6-15)$$

即

$$H_{t0} = h_{t\delta} + \frac{P_{n0} + F_r}{K_t} \qquad (6-16)$$

式中　P_{n0}——气门弹簧预紧力；

　　　F_r——气门开启前作用在气门盘上的气体压力；

　　　K_t——传动机构的刚度。

缓冲段高度一般为 $0.15 \sim 0.50\text{mm}$。

2. 缓冲段凸轮转角 φ_0 和缓冲段速度 v_0 的确定

缓冲段凸轮转角一般为 $15° \sim 40°$。当缓冲段最大高度确定后，φ_0 越大，则缓冲段的速度和加速度变化越平坦，但气门间隙变化时，配气相位变化大。而 φ_0 小时，则缓冲段速度、加速度变化就陡些，当气门间隙变化时，配气相位变化小，如图 6-8 所示。

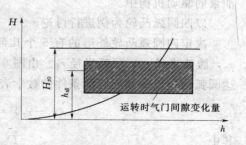

图 6-8　缓冲高度 H_{t0} 与气门间隙 $h_{t\delta}$ 的关系

缓冲段速度 v_0 一般取 $0.006 \sim 0.025\text{mm}/(°)$。

3. 常见缓冲段类型介绍

（1）等加速—等速型（图 6-9）。这种缓冲段目前用得比较多。等加速段可保证挺柱的速度由零逐渐增大，工作平稳，且凸轮在实际基圆与缓冲段相接处的外形圆滑无尖点。

而等速段，能保证气门机构间隙变化时，气门总以不变的速度开始升起和落座，而且由于它的升程变化率较大，使气门间隙变动时对配气定时影响不大。

等加速段

$$h_t = c\varphi_c^2 \qquad (0 \leqslant \varphi_c \leqslant \varphi_{01})$$

式中　c——二次项系数，由边界条件确定；

　　φ_{01}——等加速段的凸轮转角。

等速段

$$h_t = v_0 (\varphi_c - \phi_{01}) + h_{01} \qquad (\phi_{01} \leqslant \varphi_c \leqslant \phi_0)$$

(2) 余弦型（图 6-10）。

$$h_{t0} = H_{t0} \left(1 - \cos \frac{\pi}{2\phi_0}\varphi_c\right) \qquad (0 \leqslant \varphi_c \leqslant \phi_0)$$

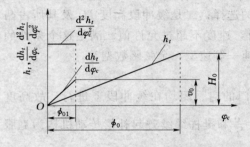

图 6-9　等加速—等速型缓冲段

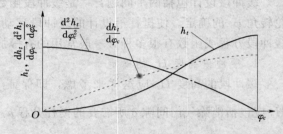

图 6-10　余弦型缓冲段

6.3.2.3　凸轮工作段设计

工作段是配气凸轮型线的关键部分，直接影响到配气机构的性能。气门最大升程由发动机热力学性能要求决定，而凸轮的最大升程是由气门最大升程和气门间隙决定的。

1. 圆弧凸轮

圆弧凸轮的外形轮廓由若干段圆弧构成。为了使圆弧凸轮可靠地工作，必须使其外形圆滑，即各段圆弧在交接点处有公切线（或公法线），这就要求圆弧凸轮各几何参数之间满足一定的关系式。这种凸轮设计较方便，被广泛应用在一般柴油机配气机构和柴油机喷油泵的驱动机构中。

以四圆弧凸轮为例进行讨论。

决定四圆弧凸轮外形的有 5 个几何参数：基圆半径 r_0，挺柱最大升程 $h_{t\max}$，作用角 φ_c，腹弧半径 r_1，顶弧半径 r_2。由图 6-11 可知，在 $\triangle OO_1O_2$ 中，根据余弦定理，可得表达圆弧凸轮轮廓曲线圆滑条件的数学表达式

$$(r_1 - r_2)^2 = D_{01}^2 + D_{02}^2 + 2D_{02} \cos \frac{\varphi_c}{2} \qquad (6-17)$$

其中
$$D_{01} = r_0 + h_{t\max} - r_2$$
$$D_{02} = r_1 - r_0$$

5 个参数只有 1 个关系方程式，其中 4 个参数须预先选择，余下一个参数从公式（6-17）算出。在一般情况下，凸轮基圆半径 r_0，挺柱最大升程 $h_{t\max}$ 和作用角 φ_c 3 个参数在凸轮设计前就已经决定了，其设计步骤如下：

（1）凸轮理论基圆半径 r_0 是根据凸轮轴直径 d_c 来决定的，d_c 应保证凸轮轴具有足够的弯曲刚度。为了保证制造时磨削凸轮的方便和大修时重磨凸轮的可能，一般取 $r_0 = 0.5d_c + (1\sim3)\,\text{mm}$。选定基圆半径 r_0 后可画出基圆。

（2）凸轮作用角 φ_c 决定于气门的开启持续角 φ^*，φ^* 根据选定的配气定时计算，因为配气定时角度都是以曲轴转角计算的，所以反映在凸轮轴上要小一半。即

$$\varphi_c = 0.5\varphi^* = 0.5(180 + \varphi_L + \varphi_D)\,(°) \qquad (6-18)$$

式中　φ_L——气门提前开启角；

　　　φ_D——气门滞后关闭角。

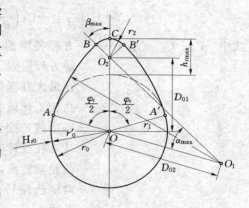

图 6-11　四圆弧凸轮

根据 φ_c 角，从对称轴两边量取 $\dfrac{\varphi_c}{2}$ 角，亦通过在基圆圆周上所得的 A 和 A' 以及圆心 O 引直线 OA 和 OA'。

（3）挺柱最大升程 $h_{t\max}$ 决定于所求气门最大升程 $h_{v\max}$，它的关系为

$$h_{t\max} = \frac{1}{i}h_{v\max} \qquad (6-19)$$

式中　i——摇臂传动比，即气门升程与挺柱升程之比。

（4）选取腹弧半径 r_1

$$r_1 = \frac{r_0^2 + D_{01}^2 - 2D_{01}\cos\dfrac{\varphi_c}{2} - r_2^2}{2\left(r_0 - r_2 - D_{01}\cos\dfrac{\varphi_c}{2}\right)} \qquad (6-20)$$

令 $r_2 = 0$ 代入式（6-20）得

$$r_{1\min} = \frac{(r_0 + h_{t\max})^2 + r_0^2 - 2r_0(r_0 + h_{t\max})\cos\dfrac{\varphi_c}{2}}{2\left[r_0 - (r_0 + h_{t\max})\cos\dfrac{\varphi_c}{2}\right]} \qquad (6-21)$$

当 $r_1 \to \infty$ 时，式（6-20）右端分母 $\left(r_0 - r_2 - D_{01}\cos\dfrac{\varphi_c}{2}\right) = 0$，于是可求得

$$r_{2\min} = r_0 - D_{01}\cos\frac{\varphi_c}{2} = r_0 - \frac{h_{t\max}\cos\dfrac{\varphi_c}{2}}{1 - \cos\dfrac{\varphi_c}{2}} \qquad (6-22)$$

计算证明，r_1 可供选择的范围很大，而 r_2 范围很小，所以，先选取 r_2 后计算 r_1 是合理的。选取 r_2 时，应考虑大修磨削余量，一般 $r_2 \geqslant 0.3h_{t\max}$。

2. 多项式高次方凸轮型线

所有的函数凸轮型线设计都是先设计型线的一半，即先设计上升段，然后再设计另一半或者通过对称得到另一半。多项式高次方凸轮一般从挺柱最大升程处即凸轮桃尖处开始设计。以六项式为例，型线方程为

$$y = C_0 + C_2\left(\frac{x}{\theta}\right)^2 + C_p\left(\frac{x}{\theta}\right)^p + C_q\left(\frac{x}{\theta}\right)^q + C_r\left(\frac{x}{\theta}\right)^r + C_s\left(\frac{x}{\theta}\right)^s \tag{6-23}$$

式中　　C_0、C_2、C_p、…——方程各项的系数，是未知参数，需要通过已知的边界条件求
　　　　　　　　　　　解方程得到；第二段的指数规定为 2，是保证上升段和下降段
　　　　　　　　　　　在最大升程处连续；

　　　　　　θ——凸轮工作段半包角，是已知的设计参数；

　　p、q、r、s——幂指数，按升幂排列，可以使任意实数，是设计变量，由设
　　　　　　　　　　　计者在设计时调节以得到理想的设计结果；

　　　　　　x——凸轮轴转角，$0 \leqslant x \leqslant \theta$；

　　　　　　y——对应凸轮转角 x 的平面挺柱升程，有时习惯上也称为凸轮
　　　　　　　　　　升程。

设计方法如下：

（1）确定设计参数。即确定挺柱的最大升程 $h_{t\max}$，缓冲段高度 H_{t0}，缓冲段终了速度
v_0，工作段半包角 θ。

（2）确定设计变量。即确定方程各项的幂指数 p、q、r、s。幂指数应该升幂排列。

（3）求导数。

$$y' = \left[2C_2\left(\frac{x}{\theta}\right) + pC_p\left(\frac{x}{\theta}\right)^{p-1} + qC_q\left(\frac{x}{\theta}\right)^{q-1} + rC_r\left(\frac{x}{\theta}\right)^{r-1} + sC_s\left(\frac{x}{\theta}\right)^{s-1}\right]\Big/\theta$$

$$\ddot{y} = \left[2C_2\left(\frac{x}{\theta}\right) + p(p-1)C_p\left(\frac{x}{\theta}\right)^{p-2} + q(q-1)C_q\left(\frac{x}{\theta}\right)^{q-2} + r(r-1)C_r\left(\frac{x}{\theta}\right)^{r-2} + s(s-1)C_s\left(\frac{x}{\theta}\right)^{s-2}\right]\Big/\theta^2$$

$$\dddot{y} = \left[\begin{array}{l} p(p-1)(p-2)C_p\left(\frac{x}{\theta}\right)^{p-3} + q(q-1)(q-2)C_q\left(\frac{x}{\theta}\right)^{q-3} + r(r-1)(r-2)C_r\left(\frac{x}{\theta}\right)^{r-3} + \cdots \\ + s(s-1)(s-2)C_s\left(\frac{x}{\theta}\right)^{s-3} \end{array}\right]\Big/\theta^3$$

$$y^{(4)} = \left[p(p-1)(p-2)(p-3)C_p\left(\frac{x}{\theta}\right)^{p-4} + \cdots + s(s-1)(s-2)(s-3)C_s\left(\frac{x}{\theta}\right)^{s-4}\right]\Big/\theta^4$$

（4）根据边界条件建立方程组。

当 $x=0$ 时，有

$$y = h_{t\max}, \quad y' = 0$$

得到

$$C_0 = h_{t\max}$$

当 $x=\theta$ 时，则

$$y = H_{t0}, \quad y' = -v_0, \quad \ddot{y} = 0, \quad \dddot{y} = 0, \quad y^{(4)} = 0$$

（5）列出方程组。

$$\left.\begin{array}{l} C_2 + C_p + C_q + C_r + C_s = -h_{t\max} + H_{t0} \\ 2C_2 + pC_p + qC_q + rC_r + sC_s = -v_0\theta \\ 2C_2 + p(p-1)C_p + q(q-1)C_q + r(r-1)C_r + s(s-1)C_s = 0 \\ p(p-1)(p-2)C_p + q(q-1)(q-2)C_q + \cdots + s(s-1)(s-2)C_s = 0 \\ p(p-1)(p-2)(p-3)C_p + q(q-1)(q-2)(q-3)C_q \\ + \cdots + s(s-1)(s-2)(s-3)C_s = 0 \end{array}\right\} \tag{6-24}$$

（6）用线性代数方法，求解得到方程系数。这时需要编制一个计算程序，程序中包括

线性方程组的解法、挺柱运动规律的计算，程序的输入参数为 h_{tmax}、H_{t0}、v_0、θ、p、q、r、s。调整输入参数，就可以得到需要的凸轮型线（图 6-12）。

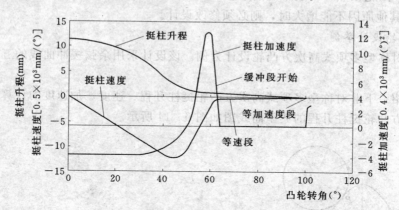

图 6-12　多项式高次方凸轮型线

6.3.2.4　凸轮型线的计算

在设计凸轮时，算出挺柱升程表即可制造凸轮。但是，如果只有升程表，不能直接判断凸轮的外形轮廓线，那么对于所得的运动规律能否实现还是不清楚。为此在算出挺柱运动规律升程表后应计算出凸轮外形轮廓线及其曲率半径。凸轮型线及曲率半径的计算如下。

如图 6-13 所示，建立固定在凸轮上的极坐标，过基圆圆心 O 及凸轮工作段始点 T 引射线 OX，假定凸轮不动，滚轮沿逆时针方向在凸轮轮廓线上滚动。基圆圆心 O 与滚轮圆心 O' 连线与 OX 轴夹角 $\angle XOO'=\alpha$，滚轮与凸轮轮廓线相切于 P 点，OP 为矢径，等于 ρ，而其与 OX 夹角为 ϕ。$OO'=g(\alpha)=r_0+r_g+h(\alpha)$。其中 r_0 为基圆半径，r_g 为滚轮半径，$h(\alpha)$ 为转角 α 时挺柱升程。

其矢径 ρ 及极坐标 ϕ 角的计算公式如下

$$\rho=\sqrt{r_g^2+g^2(\alpha)\left[1-\frac{2r_g}{\sqrt{g^2(\alpha)+g'^2(\alpha)}}\right]} \qquad (6-25)$$

其中

$$g'(\alpha)=\frac{d_g(\alpha)}{d\alpha}=h'(\alpha)$$

$$\varphi=\alpha+\cos^{-1}\left[\frac{g^2(\alpha)+\rho^2-r_g^2}{2g(\alpha)\rho}\right] \qquad (6-26)$$

根据式（6-26）即可计算出凸轮型线。

为了检查所设计的凸轮型线是否能加工出来（例如是否有过小的曲率半径或凹弧）和验算接触应力等，都必须计算凸轮型线的曲率半径 R_K。

计算公式为

$$R_K=\frac{\left[g'^2(\alpha)+g^2(\alpha)\right]^{\frac{3}{2}}}{g^2(\alpha)+2g'^2(\alpha)-g(\alpha)g''(\alpha)}-r_g \qquad (6-27)$$

其中

$$g''(\alpha)=\frac{d^2g(\alpha)}{d\alpha^2}=h''(\alpha)$$

由式（6-27）可以知道最小曲率半径发生在几何加速度最小的地方，即负加速度最大的地方——凸轮顶点，一般希望曲率半径大些。如太小不合要求，可适当增大基圆半径 r_0。如 r_0 因其他原因不能增大时，则必须修改设计。

6.3.2.5 凸轮设计举例

现以非对称型多项式高次方凸轮设计为例。该设计采用余弦缓冲曲线的五项式高次方凸轮。

首先介绍一下非对称型多项式高次方凸轮挺柱升程、速度、加速度的计算。非对称型多项式高次方凸轮挺柱升程的典型曲线图如图 6-14 所示。

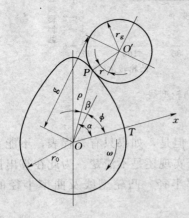
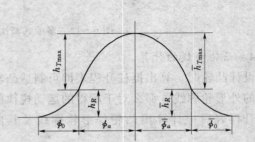

图 6-13 滚子挺柱　　　　　　　图 6-14 非对称型多项式高次方
　　凸轮型线的计算　　　　　　　　　凸轮挺柱升程曲线图

已知：

发动机转速：　　　　　　　　　　　$n_e = 1500 \text{r/min}$

凸轮轴转速：　　　　　　　　　　　$n_c = 750 \text{r/min}$

上升段参数：

挺柱最大有效行程：　　　　　　　　$h_{T\max} = 10.4 \text{mm}$

缓冲段终点的挺柱升程：　　　　　　$h_R = 0.4 \text{mm}$

缓冲段包角：　　　　　　　　　　　$\phi_0 = 10°$

缓冲段终点到挺柱最大有效升程点间的凸轮转角：$\phi_a = 73°$

幂指数：　　　　　　　$p = 2,\ q = 13,\ r = 22,\ s = 36$

下降段参数：

挺柱最大有效行程：　　　　　　　　$\bar{h}_{T\max} = 10.4 \text{mm}$

缓冲段终点的挺柱升程：　　　　　　$\bar{h}_R = 0.4 \text{mm}$

缓冲段包角：　　　　　　　　　　　$\bar{\phi}_0 = 14°$

缓冲段终点到挺柱最大有效升程点间的凸轮转角：$\bar{\phi}_a = 79°$

幂指数：　　　　　　　$\bar{p} = 2,\ \bar{q} = 10,\ \bar{r} = 14,\ \bar{s} = 21$

计算：

1. 上升段挺柱升程、速度、加速度的计算

（1）缓冲段（$0 \leqslant \varphi \leqslant \phi_0$）。上升段挺柱升程 h_{T0}、速度 V_{T0}、加速度 J_{T0} 的计算公式为

$$h_{T0} = h_R \left(1 - \cos \frac{\pi}{2\phi_0} \varphi \right) (\text{mm})$$

$$V_{T0} = h'_{T0} = h_R \frac{\pi}{2\phi_0} \sin \frac{\pi}{2\phi_0} \varphi (\text{mm/rad})$$

$$J_{T0} = h''_{T0} = h_R \left(\frac{\pi}{2\phi_0}\right)^2 \cos \frac{\pi}{2\phi_0} \varphi (\text{mm/rad}^2)$$

代入 h_R、ϕ_0 值后即可将缓冲段挺柱升程 h_{T0}、速度 V_{T0}、加速度 J_{T0} 的计算公式简化为如下形式

$$h_{T0} = 0.4(1 - \cos 9\varphi)(\text{mm})$$

$$V_{T0} = 0.2827435 \sin 9\varphi (\text{m/s})$$

$$J_{T0} = 199.8600 \cos 9\varphi (\text{m/s}^2)$$

（2）系数 C_p、C_q、C_r、C_s 的计算。计算公式如下

$$C_0 = h_R + h_{T\max} (\text{mm})$$

$$C_p = \frac{-h_{T\max} srp + Q(sr + sq + rq - s - r - q + 1)}{(s-p)(r-p)(q-p)} (\text{mm})$$

$$C_q = \frac{-h_{T\max} srp + Q(sr + sp + rp - s - r - p + 1)}{(s-q)(r-q)(p-q)} (\text{mm})$$

$$C_r = \frac{-h_{T\max} sqp + Q(sq + sp + pq - s - p - q + 1)}{(s-r)(q-r)(p-r)} (\text{mm})$$

$$C_s = \frac{-h_{T\max} rqp + Q(rq + rp + pq - r - p - q + 1)}{(q-s)(r-s)(p-s)} (\text{mm})$$

其中

$$Q = \frac{V_R \phi_a}{\omega} (\text{mm})$$

根据以上 V_{T0} 的计算公式可知，上升侧缓冲段终点的挺柱速度 V_R 为

$$V_R = 0.2827435 \sin(9 \times 10°) = 282.7435 (\text{mm/s})$$

$$Q = \frac{V_R \phi_a}{\omega} = \frac{282.7435(73° \times 0.0174533)}{2\pi \left(\frac{750}{60}\right)} = 4.586728 (\text{mm})$$

可计算出各值：

$C_p = -13.41021\text{mm}$，$C_q = 5.524581\text{mm}$，$C_r = -2.923670\text{mm}$，$C_s = 0.409303\text{mm}$

（3）基本工作段（$\phi_0 \leqslant \varphi \leqslant \phi_0 + \phi_a$）。计算公式如下

$$h_T = C_0 + C_p \left(\frac{\phi_a + \phi_0 - \varphi}{\phi_a}\right)^p + C_q \left(\frac{\phi_a + \phi_0 - \varphi}{\phi_a}\right)^q$$

$$+ C_r \left(\frac{\phi_a + \phi_0 - \varphi}{\phi_a}\right)^r + C_s \left(\frac{\phi_a + \phi_0 - \varphi}{\phi_a}\right)^s$$

$$V_T = h'_T = \frac{-pC_p}{\phi_a} \left(\frac{\phi_a + \phi_0 - \varphi}{\phi_a}\right)^{p-1} - \frac{qC_q}{\phi_a} \left(\frac{\phi_a + \phi_0 - \varphi}{\phi_a}\right)^{q-1}$$

$$-\frac{rC_r}{\phi_a}\left(\frac{\phi_a+\phi_0-\varphi}{\phi_a}\right)^{r-1}-\frac{sC_s}{\phi_a}\left(\frac{\phi_a+\phi_0-\varphi}{\phi_a}\right)^{s-1}$$

$$J_T=h_T''=\frac{p\ (p-1)\ C_p}{\phi_a^2}\left(\frac{\phi_a+\phi_0-\varphi}{\phi_a}\right)^{p-2}+\frac{q\ (q-1)\ C_q}{\phi_a^2}\left(\frac{\phi_a+\phi_0-\varphi}{\phi_a}\right)^{q-2}$$

$$+\frac{r\ (r-1)\ C_r}{\phi_a^2}\left(\frac{\phi_a+\phi_0-\varphi}{\phi_a}\right)^{r-2}+\frac{s\ (s-1)\ C_s}{\phi_a^2}\left(\frac{\phi_a+\phi_0-\varphi}{\phi_a}\right)^{s-2}$$

代入各值后即可将上升工作段挺柱升程 h_{T0}、速度 V_{T0}、加速度 J_{T0} 的计算公式简化成如下形式

$$h_{T0}=10.8-13.41021\left(\frac{73°+10°-\varphi}{73°}\right)^2+5.524581\left(\frac{73°+10°-\varphi}{73°}\right)^{13}$$

$$-2.923670\left(\frac{73°+10°-\varphi}{73°}\right)^{22}+0.409303\left(\frac{73°+10°-\varphi}{73°}\right)^{36}$$

$$V_{T0}=0.061644\left[26.82042\left(\frac{83°-\varphi}{73°}\right)-71.81955\left(\frac{83°-\varphi}{73°}\right)^{12}\right.$$

$$\left.+64.32074\left(\frac{83°-\varphi}{73°}\right)^{21}-13.73491\left(\frac{83°-\varphi}{73°}\right)^{35}\right]$$

$$J_{T0}=3.79999\left[-26.82042+861.8346\left(\frac{83°-\varphi}{73°}\right)^{11}-1350.736\left(\frac{83°-\varphi}{73°}\right)^{20}\right.$$

$$\left.+480.7219\left(\frac{83°-\varphi}{73°}\right)^{34}\right]$$

2. 下降段挺柱升程、速度、加速度的计算

(1) 缓冲段 $(\phi_0+\phi_c+\overline{\phi}_a\leqslant\varphi\leqslant\phi_0+\phi_c+\overline{\phi}_a+\overline{\phi}_0)$。计算公式如下

$$\overline{h}_{T0}=\overline{h}_R\left\{1-\cos\frac{\pi\left[\varphi-(\phi_0+\phi_a+\overline{\phi}_a+\overline{\phi}_0)\right]}{2\overline{\phi}_0}\right\}\ (\text{mm})$$

$$\overline{V}_{T0}=\overline{h}_{T0}'=\overline{h}_R\frac{\pi}{2\overline{\phi}_0}\sin\frac{\pi\left[\varphi-(\phi_0+\phi_a+\overline{\phi}_a+\overline{\phi}_0)\right]}{2\overline{\phi}_0}\ (\text{mm/rad})$$

$$\overline{J}_{T0}=\overline{h}_{T0}''=h_R\left(\frac{\pi}{2\overline{\phi}_0}\right)^2\cos\frac{\pi\left[\varphi-(\phi_0+\phi_a+\overline{\phi}_a+\overline{\phi}_0)\right]}{2\overline{\phi}_0}\ (\text{mm/rad}^2)$$

代入各值后即可将缓冲段挺柱升程、速度、加速度的计算公式简化成如下形式

$$\overline{h}_{T0}=0.4\{1-\cos[6.428572\ (\varphi-176°)]\}$$

$$\overline{V}_{T0}=0.201960\sin[6.428572\ (\varphi-176°)]$$

$$\overline{J}_{T0}=101.9700\cos[6.428572\ (\varphi-176°)]$$

(2) 系数 $\overline{C}_p$、$\overline{C}_q$、$\overline{C}_r$、$\overline{C}_s$ 的计算。计算公式如下

$$\overline{C}_0=\overline{h}_R+\overline{h}_{T\max}\ (\text{mm})$$

$$\overline{C}_p=\frac{-\overline{h}_{T\max}\overline{s}\ \overline{r}\ \overline{p}+\overline{Q}(\overline{s}\ \overline{r}+\overline{s}\ \overline{q}+\overline{r}\ \overline{q}-\overline{s}-\overline{r}-\overline{q}+1)}{(\overline{s}-\overline{p})(\overline{r}-\overline{p})(\overline{q}-\overline{p})}\ (\text{mm})$$

$$\overline{C}_q=\frac{-\overline{h}_{T\max}\overline{s}\ \overline{r}\ \overline{p}+\overline{Q}(\overline{s}\ \overline{r}+\overline{s}\ \overline{p}+\overline{r}\ \overline{p}-\overline{s}-\overline{r}-\overline{p}+1)}{(\overline{s}-\overline{q})(\overline{r}-\overline{q})(\overline{p}-\overline{q})}\ (\text{mm})$$

$$\overline{C}_r=\frac{-\overline{h}_{T\max}\overline{s}\ \overline{q}\ \overline{p}+\overline{Q}(\overline{s}\ \overline{q}+\overline{s}\ \overline{p}+\overline{p}\ \overline{q}-\overline{s}-\overline{p}-\overline{q}+1)}{(\overline{s}-\overline{r})(\overline{q}-\overline{r})(\overline{p}-\overline{r})}\ (\text{mm})$$

$$\overline{C}_s = \frac{-\overline{h}_{T\max}\overline{r}\,\overline{q}\,\overline{p} + \overline{Q}(\overline{r}\,\overline{q} + \overline{r}\,\overline{p} + \overline{p}\,\overline{q} - \overline{r} - \overline{p} - \overline{q} + 1)}{(\overline{q} - \overline{s})(\overline{r} - \overline{s})(\overline{p} - \overline{s})}\ (\text{mm})$$

其中

$$\overline{Q} = \frac{\overline{V}_R \overline{\phi}_a}{\omega}\ (\text{mm})$$

从 $\overline{V}_{T0}$ 的计算公式可知，下降侧在缓冲段终点的挺柱速度 $-\overline{V}_R$ 为

$$-\overline{V}_R = -0.201960\sin[6.428572\ (\varphi - 176°)] = -0.201960$$

故

$$\overline{V}_R = 0.201960\text{m/s} = 201.960\text{mm/s}$$

所以

$$\overline{Q} = \frac{\overline{V}_R \overline{\phi}_a}{\omega} = \frac{201.9600 \times 79° \times 0.017453}{2\pi\left(\dfrac{750}{60}\right)} = 3.545459\ (\text{mm})$$

由以上公式可计算出各值

$\overline{C}_p = -15.59689\text{mm}$，$\overline{C}_q = 14.06900\text{mm}$，$\overline{C}_r = -10.46753\text{mm}$，$\overline{C}_s = 1.595414\text{mm}$

(3) 基本工作段 $(\phi_0 + \phi_c + \overline{\phi}_a \leqslant \varphi \leqslant \phi_0 + \phi_c + \overline{\phi}_a + \overline{\phi}_0)$。计算公式如下

$$\overline{h}_T = \overline{C}_0 + \overline{C}_p\left[\frac{\varphi - (\phi_a + \phi_0)}{\overline{\phi}_a}\right]^{\overline{p}} + \overline{C}_q\left[\frac{\varphi - (\phi_a + \phi_0)}{\overline{\phi}_a}\right]^{\overline{q}}$$

$$+ \overline{C}_r\left[\frac{\varphi - (\phi_a + \phi_0)}{\overline{\phi}_a}\right]^{\overline{r}} + \overline{C}_s\left[\frac{\varphi - (\phi_a + \phi_0)}{\overline{\phi}_a}\right]^{\overline{s}}$$

$$\overline{V}_T = \overline{h}_T' = \frac{-\overline{p}\,\overline{C}_p}{\overline{\phi}_a}\left[\frac{\varphi - (\phi_a + \phi_0)}{\overline{\phi}_a}\right]^{\overline{p}-1} - \frac{\overline{q}\,\overline{C}_q}{\overline{\phi}_a}\left[\frac{\varphi - (\phi_a + \phi_0)}{\overline{\phi}_a}\right]^{\overline{q}-1}$$

$$- \frac{\overline{r}\,\overline{C}_r}{\overline{\phi}_a}\left[\frac{\varphi - (\phi_a + \phi_0)}{\overline{\phi}_a}\right]^{\overline{r}-1} - \frac{\overline{s}\,\overline{C}_s}{\overline{\phi}_a}\left[\frac{\varphi - (\phi_a + \phi_0)}{\overline{\phi}_a}\right]^{\overline{s}-1}$$

$$\overline{J}_T = \overline{h}_T'' = \frac{\overline{p}(\overline{p} - 1)\overline{C}_p}{\overline{\phi}_a^2}\left[\frac{\varphi - (\phi_a + \phi_0)}{\overline{\phi}_a}\right]^{\overline{p}-2} + \frac{\overline{q}(\overline{q} - 1)\overline{C}_q}{\overline{\phi}_a^2}\left[\frac{\varphi - (\phi_a + \phi_0)}{\overline{\phi}_a}\right]^{\overline{q}-2}$$

$$+ \frac{\overline{r}(\overline{r} - 1)\overline{C}_r}{\overline{\phi}_a^2}\left[\frac{\varphi - (\phi_a + \phi_0)}{\overline{\phi}_a}\right]^{\overline{r}-2} + \frac{\overline{s}(\overline{s} - 1)\overline{C}_s}{\overline{\phi}_a^2}\left[\frac{\varphi - (\phi_a + \phi_0)}{\overline{\phi}_a}\right]^{\overline{s}-2}$$

代入各值后即可将下降侧工作段挺柱升程、速度、加速度的计算公式简化成如下形式

$$\overline{h}_T = 10.8 - 15.59689\left(\frac{\varphi - 83°}{79°}\right)^2 + 14.06900\left(\frac{\varphi - 83°}{79°}\right)^{10}$$

$$- 10.46753\left(\frac{\varphi - 83°}{79°}\right)^{14} + 1.595414\left(\frac{\varphi - 83°}{79°}\right)^{21}$$

$$\overline{V}_T = 0.056963\left[-31.19378\left(\frac{\varphi - 83°}{79°}\right) + 140.6900\left(\frac{\varphi - 83°}{79°}\right)^9\right.$$

$$\left. - 146.5454\left(\frac{\varphi - 83°}{79°}\right)^{13} + 33.50369\left(\frac{\varphi - 83°}{79°}\right)^{20}\right]$$

$$\overline{J}_T = 3.244672\left[-31.19378 + 1266.210\left(\frac{\varphi - 83°}{79°}\right)^8 - 1905.080\left(\frac{\varphi - 83°}{79°}\right)^{12}\right.$$

$$\left. + 670.0738\left(\frac{\varphi - 83°}{79°}\right)^{19}\right]$$

根据以上公式，即可计算出不同凸轮转角下的挺柱升程、速度、加速度。

6.4 内燃机配气机构的动力学

配气机构在实际运动中会产生弹性振动，不能把机构当作绝对刚性来考虑，因此，在考虑构件弹性变形情况下，计算气门及其传动构件的真实运动情况和受力情况是配气机构动力学计算的任务。所谓动力学计算，就是根据作用在弹性系统中各构件上的力的平衡关系，并考虑系统中的阻尼、间隙、脱离、落座等各种因素，建立气门运动的微分方程来求解各种转速下气门真实运动的一种计算方法。只要动力计算模型选择恰当，计算参数确定得合理，计算求得的气门运动和真实情况可以相当接近。在高速发动机中，气门弹簧的震颤也常常是造成系统脱离、噪声及弹簧断裂等问题的重要原因。内燃机配气机构动力性能的优劣对整机的可靠性有很大影响。

6.4.1 配气机构动力学模型

实际配气机构固有频率较高，外界干扰与之相比，就相当于静载荷，所以系统实际工作时主要以本身的最低固有频率振动，因此把机构简化成单自由度模型来研究即可认为很精确了。

将配气机构简化成一组无质量的弹簧和集中质量组成的系统。

1. 简化成 3 个集中质量组成的系统模型

单质量模型转换过程示意图如图 6-15 所示。

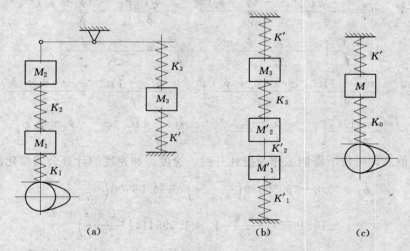

图 6-15　单质量模型转换过程示意图

K'—气门弹簧刚度；K_1—凸轮轴刚度；K_2—推杆刚度；

K_3—摇臂、摇臂轴及摇臂座的刚度

$$M_1 = \frac{2}{3}M_P + M_T + M_C \tag{6-28}$$

$$M_2 = \frac{1}{3}M_P \tag{6-29}$$

$$M_3 = \frac{1}{3} M_S + M_{SR} + M_V + M_{VA} \qquad (6-30)$$

式中　M_V——气门质量；

$\quad M_{SR}$——弹簧上座和锁夹质量；

$\quad M_S$——气门弹簧质量；

$\quad M_{VA}$——换算到气门一侧的摇臂当量质量；

$\quad M_P$——推杆质量；

$\quad M_T$——挺柱质量；

$\quad M_C$——凸轮轴的换算质量。

2. 根据动能等效原则，换算到气缸一侧的三质量模型

$$M_1' = \frac{M_1}{i^2}$$

$$M_2' = \frac{M_2}{i^2}$$

$$K_1' = \frac{K_1}{i^2}$$

$$K_2' = \frac{K_2}{i^2}$$

式中　M_1'——换算到气门侧的 M_1；

$\quad M_2'$——换算到气门侧的 M_2；

$\quad K_2'$——换算到气门侧的凸轮轴刚度；

$\quad K_1'$——换算到气门侧的推杆刚度；

$\quad i$——气门驱动机构的传动比。

3. 简化成单质量模型

$$K_0 = \frac{1}{\dfrac{1}{K_3} + \dfrac{1}{K_1'} + \dfrac{1}{K_2'}} = \frac{1}{\dfrac{1}{K_3} + \dfrac{i^2}{K_1} + \dfrac{i^2}{K_2}} \qquad (6-31)$$

$$M = M_3 + \left(1 + 2i^2 \frac{K_0}{K_1}\right) \left[M_2 \left(i \frac{K_0}{K_2}\right)^2 + M_1 \left(i \frac{K_0}{K_1}\right)^2 \right] \qquad (6-32)$$

式中　K_0——配气机构刚度。

由于大多数内燃机 K_1 远大于 K_0，因此可舍弃 $\dfrac{K_0}{K_2}$ 的项，则上式可简化为

$$M = M_3 + M_2 \left(i \frac{K_0}{K_2}\right)^2 \qquad (6-33)$$

6.4.2　单质量系统动力学分析

1. 集中质量的受力分析

图 6-15 的模型在考虑阻尼、燃气作用力、气门座刚度、气门间隙等因素后，就可成为如图 6-16 所示的单质量系统动力学模型。

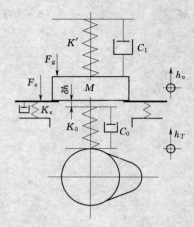

图 6-16 配气机构单
质量动力学模型

单质量动力学计算着重研究气门的运动。质量 M 与凸轮以刚度为 K_0 的弹簧相连，气门运动时刚度为 K' 的气门弹簧保持系统的接触。K_z 为气门座刚度，F_z 为气门座摩擦力，F_g 为燃气作用力，C_0、C_1 为阻尼系数，δh 为气门间隙。

2. 运动微分方程

根据作用在质量 M 上的力的平衡关系，即可建立气门的运动微分方程式。

作用在质量 M 上的力如下：

（1）气门弹簧力：$K'(h_V + f_1)$。

（2）配气机构弹性变形力：$K_0(ih_T - h_V - \delta h)$。

（3）气门落座时气门座的反作用力：$K_z(\Delta - h_V)$。

（4）气门摩擦力：F_z。

（5）燃气作用力 F_g。F_g 为气缸中气体压力与排气管中气体压力差作用在气门头部面积上的力。对进气门来说，F_g 可取为零，对于排气门，可根据排气门刚开启前后气缸中气体压力与排气管中气体压力的变化曲线求得。

（6）配气机构外阻尼力为 $C_1 \dfrac{\partial h_V}{\partial t}$，它是一种存在于运动件与固定件之间的阻尼力。

（7）配气机构内外阻尼力为 $C_0\left(i\dfrac{\partial h_T}{\partial t} - \dfrac{\partial h_V}{\partial t}\right)$，它是一种存在于运动件之间的阻尼力。

（8）运动质量的惯性力为 $M\dfrac{\partial^2 h_V}{\partial t^2}$

根据以上力的平衡条件，即可得下列气门运动微分方程

$$M\frac{\partial^2 h_V}{\partial t^2} = K_0(ih_T - h_V - \delta h) + K_z(\Delta - h_V) - K'(h_V + f_1)$$

$$- F_g - F_z - C_1\frac{\partial h_V}{\partial t} + C_0\left(i\frac{\partial h_T}{\partial t} - \frac{\partial h_V}{\partial t}\right) \tag{6-34}$$

式中　h_V——气门升程；

$\quad f_1$——气门弹簧预紧变形量；

$\quad h_T$——挺柱升程；

$\quad \delta h$——气门间隙；

$\quad K_z$——气门座刚度；

$\quad \Delta$——气门座在气门弹簧预紧力及燃气作用力作用下的初变形量，$\Delta = \dfrac{K'f_1 + F_g}{K_z}$；

$\quad C_0$——内阻尼系数；

$\quad C_1$——外阻尼系数；

$\quad t$——时间。

在实际计算中，常见凸轮转角 φ 为自变量，则

$$\frac{\partial h_V}{\partial t} = \frac{\partial h_V}{\partial \varphi}\frac{\partial \varphi}{\partial t} = \omega\frac{\partial h_V}{\partial \varphi} = 6n_c\frac{\partial h_V}{\partial \varphi} \tag{6-35}$$

$$\frac{\partial^2 h_V}{\partial t^2} = \omega^2 \frac{\partial^2 h_V}{\partial \varphi^2} = 36 n_c^2 \frac{\partial^2 h_V}{\partial \varphi^2} \qquad (6-36)$$

式中 ω——凸轮轴角速度;

n_c——凸轮轴转速。

同理

$$\frac{\partial h_T}{\partial t} = 6 n_c \frac{\partial h_T}{\partial \varphi} \qquad (6-37)$$

将式（6-35）～式（6-37）代入式（6-34）得

$$M \frac{\partial^2 h_V}{\partial \varphi^2} = \frac{1}{36 n_c^2} \Big\{ K_0 \ (i h_T - h_V - \delta h) \ + K_z \ (\Delta - h_V) \ - K' \ (h_V + f_1) \ - F_g - F_z$$

$$- 6 n_c \Big[C_1 \frac{\partial h_V}{\partial \varphi} - C_0 \Big(i \frac{\partial h_T}{\partial \varphi} - \frac{\partial h_V}{\partial \varphi} \Big) \Big] \Big\} \qquad (6-38)$$

上式就是常系数微分方程,一般用龙格库塔数值积分法求解。

3. 计算条件

（1）系统脱离条件为

$$i h_T - h_V - \delta h < 0$$

由于配气机构只能压缩不能拉伸,当 $i h_T - h_V - \delta h < 0$ 时,表明系统产生脱离。系统产生脱离时,弹性变形力为零,即微分方程中的 $K_0 (i h_T - h_V - \delta h) = 0$。

（2）气门落座条件为

$$\Delta - h_V \geqslant 0$$

凸轮转动引起挺柱和推杆的上升运动,首先消除气门间隙,然后才使气门升起,但当气门升程 h_V 小于气门座初变形 Δ 时,气门还未离座,升程逐渐增加,到 $\Delta = h_V$ 后,气门真正开启,因此 $\Delta - h_V \geqslant 0$ 表明气门落座的条件。在气门开启后,微分方程 $K_z (\Delta - h_V)$ 一项为零。根据落座条件,可以算出气门实际的开启和关闭时间。

（3）气门产生反跳的条件为

$$\Delta - h_V < 0$$

在气门关闭后,根据落座条件,可以得到气门反跳的情况,如出现 $\Delta - h_V < 0$ 则说明气门产生反跳。气门反跳过程是气门冲击能量的释放过程,一部分为气门和气门座的弹性变形及加以恢复的能量,另一部分为气门在冲击反力作用下克服弹簧力跳起又关闭的能量。气门反跳过程也是冲击反力大于弹簧预紧力的表现。

4. 微分方程的求解

式（6-38）是一个关于未知函数 h_V 的二阶常微分方程,它有无穷多个解。为了得到确定的气门升程函数 h_V,还需补充以下两个初始条件,即在对应于气门刚刚打开的瞬间 $\varphi = \varphi_0$,有 $h_V \Big|_{\varphi = \varphi_0} = \frac{\partial h_V}{\partial \varphi} \Big|_{\varphi = \varphi_0} = 0$。

为了计算和分析问题的方便,引进一个新的未知函数 $Z(\varphi)$ 来代替 h_V,它和 h_V 关系式为 $Z(\varphi) = i h_T(\varphi) - h_V(\varphi)$。

$Z(\varphi)$ 应满足的微分方程

$$36n_c^2 M \frac{\partial^2 Z(\varphi)}{\partial \varphi^2} + 6n_c(C_0 + C_1)\frac{\partial Z(\varphi)}{\partial \varphi} + (K_0 + K_1 - K_z)Z(\varphi)$$

$$= 36n_c^2 M \frac{\partial^2 ih_T(\varphi)}{\partial \varphi^2} + 6n_c C_1 \frac{\partial ih_T(\varphi)}{\partial \varphi} + i(K_1 + K_z)h_T(\varphi) - K_0\delta h - F_0 + K_z\Delta \quad (6-39)$$

式（6-39）右边的是 φ 的已知函数，可记为 $\phi(\varphi)$。

如果记 $\frac{\partial Z(\varphi)}{\partial \varphi} = u(\varphi)$，并把它也当作一个未知函数，那么就可以把二阶方程改写为关于未知函数 $Z(\varphi)$ 和 $u(\varphi)$ 的一阶微分方程组

$$\begin{cases} \dfrac{\partial u(\varphi)}{\partial \varphi} = \dfrac{-6n_c(C_0 + C_1)u(\varphi) - (K_0 + K_1 - K_z)Z(\varphi) + \phi(\varphi)}{36n_c^2 M} \\ \dfrac{\partial Z(\varphi)}{\partial \varphi} = u(\varphi) \end{cases} \quad (6-40)$$

初始条件为

$$Z\big|_{\varphi = \varphi_0} = ih_T(\varphi_0)$$

$$u\big|_{\varphi = \varphi_0} = \frac{\partial ih_T}{\partial \varphi}\bigg|_{\varphi = \varphi_0}$$

对于式（6-40），可以利用欧拉法进行求解，也可利用 MATLAB 软件编制相关程序进行求解。

另外，微分方程中的一些原始参数，例如气门座刚度、气门机构刚度等，都可以根据机械手册计算或试验确定。

将配气机构简化成单质量模型，进行动态性能模拟，在考虑弹性变形的情况下计算气门的运动规律，仅能反映配气机构的整体响应，不能反映各个部件的动态性能。配气机构多质量模型，有三质量、五质量、九质量以至更多质量的模型，与实际机构更加接近。到 20 世纪 80 年代，又出现了配气机构的有限元模型。计算机技术的发展，为配气机构动力学分析构建了一个前所未有的研究平台，计算机虚拟仿真计算使得配气机构动力学分析的精度和可靠度越来越高。

6.5 气门组的结构设计

6.5.1 气门组简介

气门组由气门、气门座、气门导管、气门弹簧、气门弹簧座及锁环组成如图 6-17 所示。

设计要求包括：

（1）气门头部与气门座贴合严密。

（2）气门导管与气门杆上下运动有良好的导向。

（3）气门弹簧的两端面与气门杆的中心线相垂直。

（4）气门弹簧的弹力足以克服气门及其传动件的运动惯性。

6.5.2 气门组的各组成部分设计

6.5.2.1 气门的设计

气门组成：头部和杆部。

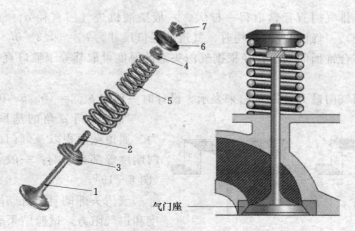

图 6-17 气门组的结构组成图

1—气门；2—气门导管；3—气门弹簧下座圈；4—气门油封；

5—气门弹簧；6—气门弹簧座；7—气门锁环

功用：头部是用来密封气缸的进、排气通道；杆部是用来为气门的运动导向。

工作条件：受高温、气体压力、气门弹簧力以及传动零件惯性力的作用。

材料：进气门为中碳合金钢、耐热合金钢；

排气门为耐热合金钢。

形状、结构：气门头顶面为平顶、球面顶、喇叭顶。其中，平顶机构简单、制造方便，目前使用最多；球面顶强度高、排气阻力小、废气的清除效果好，用于排气门；喇叭顶进气阻力小、顶部受热面积大，用于进气门。

1. 气门头部的设计

气门头部（图 6-18）的形状和基本尺寸直接影响着气门的刚度、气体的流动阻力，以及气门的制造工艺。

平顶　　　　　　　球面顶　　　　　　喇叭形顶

图 6-18 气门头部的结构形式

在气门头部形状选好后应确定气门头部直径 d_v，气门座合面角 α，气门座合锥面宽度 b 和气门升程 h_v。

根据气缸换气良好的要求，气门头部直径 d_v 应尽可能大一些。为了提高进气充量，减小排气门的热负荷，通常将进气门直径设计得比排气门直径大 $10\% \sim 20\%$。排气门直径小，则排气门行程泵气损失大，对增压柴油机来说，不利于废气能量的利用，因此，增压柴油机的进、排气门直径常取得一样大。一般柴油机进气门直径 $d_v=(1\sim1.2)d_t$ （d_t 为气道喉口直径）。每缸四气门结构时，气道的喉口尺寸为 $d_t=(0.3\sim0.35)D$。

气门头部座合锥面的最小直径根据气门头部的厚度可取其等于喉口直径或略大一些来确定。

气门升程用气门最大升程 $h_{v\max}$ 来表示，设计时一般取 $h_{v\max}=(0.25\sim0.30)d_v$。

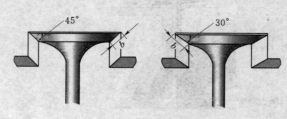

图 6-19 气门座面锥角

气门锥角 α 角的选取对气体流动阻力、通道截面积以及气门的座合压力、气门刚度等都有影响，一般 α 采用 45°或 30°（图 6-19）。

气门头部的背锥角 β，影响着气门刚度和进气阻力，试验结果表明 $\beta=20°$ 时有最大的进气流量。

气门座合锥面宽度 b 的选择：当 α 选定后，b 的大小将影响气门盘的厚度，从而影响气门刚度和气门盘的导热，从这些角度看，锥面宽度 b 越宽，则导热好、刚度大。但太宽会使气门重量加大，同时应与气门座合面宽度综合考虑。一般取 $b=(0.05\sim0.12)d_v$。

气门头部尺寸确定后，应决定气门盘到气门杆的过渡部分（气门的颈部），在设计时，应取较大过渡圆弧半径 R_v 以减少气体流动阻力。一般取 $R_v=(0.35\sim0.5)d_v$。

2. 气门杆的设计

气门杆直径 d_δ 的选取应保证杆部耐用，因此它由导管中运动时的侧压力大小来决定。当气门是通过挺柱、推杆、摇臂来驱动时，由于侧压力较小，因而直径可小些，通常为 $d_\delta=0.25d_v$ 或更小些。当气门直接由凸轮驱动时，气门杆受到较大侧压力，直径应取较大值，一般选取范围为 $d_\delta=(0.3\sim0.4)d_v$。

气门长度 L 与总体布置有关，它由气门弹簧和气缸盖的高度尺寸来决定。一般总希望短一些，以便降低柴油机高度，但它受到弹簧设计尺寸的限制，一般选取范围为 $L=(1.1\sim1.3)D$。

气门杆的尾部端面受摇臂冲击，应淬硬或加焊硬质合金，一般硬度应大于 HRC50。尾部与弹簧盘相连接，当气门通过摇臂驱动时，一般用锁夹连接，锁夹槽直径取 $d_\delta'=(0.65\sim0.75)d_\delta$，锁夹锥角 γ 为 10°～15°，锁夹高度尺寸大致等于气门杆直径。

6.5.2.2 气门座的设计

气门座一般在气缸盖上直接镗出。

（1）功用。与气门头部共同对气缸起密封作用，并接受气门传来的热量。

（2）工作条件。高温、磨损严重。

（3）类型。直接镗出（进气门座）、镶嵌式（排气门和铝合金发动机的进、排气门座）。

气门座与气门头部的锥面配合起密封作用，它可直接在气缸盖上镗出，也可做成单独的环形零件压入气缸盖中。

气门座的主要问题是扭曲变形，无论是由于气体压力与热负荷引起的气门座瞬时变形，还是由于装配时的机械应力或柴油机各零件的蠕变所引起的永久变形，均将影响气门的散热，使气门高度升高，并在气门颈部产生弯曲应力。

由于气门座与气缸盖的材料、工作温度和膨胀系数不同，工作时气门座的温度高，因此气门座承受很大的压缩应力。根据实践经验，镶入气门座的端面尺寸，一般比较合适的壁厚为其内径的 0.1～0.15 倍，高度则为镶入气门座外径的 0.13～0.22 倍，这样无论对于传热和防止松落都较合理。

镶入的气门座与气缸盖座孔的配合应采用过盈配合，一般过盈量取镶入气门座外径的 0.001～0.002 倍。

6.5.2.3 气门导管的结构设计

（1）功用。导向作用、导热作用。

（2）工作条件。高温、磨损严重。

（3）材料。灰铸铁、球墨铸铁或铁基粉末冶金材料。

气门导管（图 6-20）内外圆柱面经加工后压入气缸盖的气门导管孔中，然后再精铰内孔。并用卡环定位。

气门导管对气门起导向作用，气门杆在导管内滑动，气门导管承受着气门驱动机构的侧向压力，并引导气门正确地坐落在气门座上，而且将气门所受热量的一部分传导出去。气门导管和气门这一对摩擦副的工作条件是很恶劣

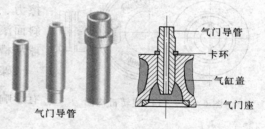

图 6-20 导管图

的，这里温度高，机油易分解而积炭，同时又不能供给摩擦副很多机油（以免流入燃烧室中），因而要求导管在润滑条件差的情况下能耐磨，气门导管的材料应与气门杆能相匹配，并保证轴承性能，一般用灰铸铁 HT20—40、灰铸铁 HT27—47、球磨铸铁 QT50—15 和合金铸铁制造。近年来广泛采用铁基粉末冶金来制造，因粉末冶金导管能在润滑条件相当差的情况下可靠地工作，磨损小，工艺性好。

导管的长度取决于气门杆的长度和气缸盖的布置，在位置许可的情况下尽可能取长些，以保证导向和传热。一般去导管长度为气门杆直径的 6～8 倍（或气门头直径的 1.2～1.6 倍）。导管外表面一般设计成圆柱形以便于用无心外圆磨床加工。导管壁厚一般为 3mm，导管与气缸盖上的孔用过盈配合，一般取过盈量为导管外径的 0.003～0.005 倍。

气门杆与导管间的间隙将影响气门杆的温度。理想的气门间隙大小与气门的工作温度及气门杆直径有关。通常，进气门的间隙为其气门杆直径的 0.005～0.01 倍；排气门的间隙为其气门杆直径的 0.008～0.012 倍。

6.5.2.4 气门旋转机构的设计

气门旋转机构（图 6-21）是要使气门具有一定的旋转速度，而气门旋转速度除与柴油机转速、气门弹簧弹力有关外，还与碟形弹簧的刚度、碟形弹簧的内外直径、钢球槽底面的斜度及钢球中心的回转直径有关。即

$$n_j \propto = \frac{n p_n (D_c - D_i)}{c \cdot \tan\theta D_c (D_a - D_i)} \tag{6-41}$$

式中 n_j——气门旋转机构转速；

n——柴油机转速；

p_n——气门弹簧弹力；

θ——钢球槽底面斜度；

D_c——钢球中心回转直径；

D_a——碟簧外径；

D_i——碟簧内径；

c——碟簧刚度。

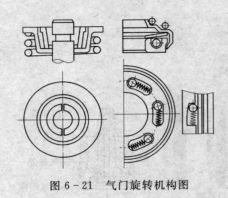

图 6-21　气门旋转机构图

从式（6-41）可以看出，碟形弹簧刚度小则转速高。一般取最大弹力要大于气门初开启时气门弹簧的弹力。钢球槽底面斜度 θ 越小，则气门转速越高。但当斜度太小时动力不足，钢球克服不了摩擦力、回位弹簧力和零件惯性力等，使钢球不能沿斜面滚动。且 θ 太小时，由于振动等原因，易使钢球从槽中脱出。一般取 $\theta = 8° \sim 12°$。

碟形弹簧的内外直径及钢球中心回转圆直径也有影响，一般为 $\dfrac{D_c - D_i}{D_a - D_i} = 0.35 \sim 0.7$。

6.6　气门传动组的设计

气门传动组由凸轮轴、正时齿轮、挺柱、导管、推杆、摇臂及摇臂轴组成。功用是使进、排气门能按配气相位规定的时刻开闭，且保证有足够的开度。

6.6.1　凸轮轴的设计

（1）凸轮轴组成。各缸的进、排气门凸轮及驱动汽油泵的偏心轮、驱动配电盘的齿轮。

（2）功用。使气门按一定的工作次序和配气相位及时开闭，并保证气门有足够的升程。

（3）材料。优质钢模锻、合金铸铁、球墨铸铁。

同一气缸的进排气凸轮的相对转角位置是与既定的配气相位相适应的。

凸轮轴是配气机构中主要驱动零件，凸轮的外形轮廓线直接控制气门的开启规律。

凸轮材料必须与挺柱材料很好的匹配以保证获得较长的使用期限，因此对于整体式凸轮轴材料应根据凸轮的要求来选取。凸轮轴的材料可用 45、45Mn 等中碳钢或 20、20Mn 等低碳钢。

凸轮轴的长度取决于柴油机总体布置。对于很长的凸轮轴，一般分成几段制造，各段之间用定位凸肩、法兰及定位螺栓（或定位销）定位，用螺栓连接。凸轮轴支承数的选择与其弯曲刚度和加工工艺性有很大关系。现在还没有可靠的方法计算 d_c，多按经验选择，一般取 $d_c = (0.25 \sim 0.35)D$。当凸轮支承间的跨度大、凸轮轴转速高时取上限。

凸轮轴承一般为不可分的，以简化机体结构。凸轮轴的半径要比凸轮外形轮廓曲线最高点大，使整根凸轮轴能通过轴承孔，以便于装拆。轴承材料采用锡青铜或钢背白合金轴承。凸轮轴的轴颈一般按二级精度加工，其椭圆度和锥度不应超过其公差的一半，以保证润滑良好。各轴颈对于两端轴颈的径向跳动应不大于 0.025~0.05mm，轴承间隙应在 0.05~0.12mm 范围内。

凸轮轴往往做成中空的，由进油管来的机油在端部通过凸轮轴轴颈上的径向油孔进入中心空腔，然后再由其他轴颈上的径向孔去润滑各轴承。

控制同一气缸的不同名气门的凸轮配置，与配气定时和驱动方式有关，如果进排气门挺柱成一列布置，而凸轮外形轮廓线又对称时，同一气缸进气凸轮顶点落后于排气凸轮顶点的角度为

$$\varphi = \frac{1}{2}\theta = \frac{1}{4}(360 - \varphi_{li} + \varphi_{di} + \varphi_{le} + \varphi_{de})$$

式中　θ——进排气定时中点之间夹角；

φ_{li} 和 φ_{di}——进气门提前开启和滞后关闭角；

φ_{le} 和 φ_{de}——排气门提前开启和滞后关闭角。

6.6.2 挺柱设计

1. 平面挺柱

平面挺柱结构简单、重量轻，因此用在高速柴油机上比较合适。由于平面挺柱与凸轮的接触是高速滑动的点接触或线接触，因此应注意保证接触面耐磨的问题。挺柱体设计成圆柱体，起导向作用，其侧表面在机体的孔中滑动，承受侧压力，其直径应设计大些，以减少比压，保证得到良好的润滑和耐磨，挺柱的直径一般取为 $d_t = (0.25 \sim 0.30)D$。挺柱的长度一般为 $(1.5 \sim 2.0)d_t$。挺柱与机体导向孔的配合间隙在 0.02~0.08mm。为了减少挺柱与凸轮接触面的磨损，常使凸轮偏离挺柱中心线转动，有利于在摩擦面形成油膜和以使磨损均匀。为了改善由于加工误差与零件受力后变形可能造成的尖点接触，往往将挺柱底面加工成半径很大的球面。

挺柱上加工有凹形的球面支座，支承着细长推杆的球头。在这种球面与球头配合副中，为了在它们之间形成楔形油膜，球座半径应略大于球头半径，一般两者差 0.2~0.3mm，这个差值过大将使接触应力剧增。为了改善润滑条件和限制最大接触应力，有时把球头顶部削掉一点形成小平面，或在中心钻一小孔。

2. 滚子挺柱

滚子挺柱的特点是挺柱下面有滚轮。把凸轮挺柱间的滑动摩擦变成滚动摩擦，从而减少磨损，延长了使用寿命。滚子挺柱的滚轮轴受冲击性载荷，当滚轮与滚轮轴间装有滚针时，滚针的尺寸精度在装配时必须选择恰当，否则很易损坏。使用滚子挺柱时必须保证滚轮轴与凸轮轴平行，这就要求安装准确，还必须防止在工作中挺柱移动部分的转动。为此可用销子与导槽配合来实现。滚轮的直径选择应与凸轮轮廓线相协调。

3. 液力挺柱

(1)组成。由挺柱体、卡簧、球座、柱塞、单向阀架、柱塞弹簧、单向阀碟形弹簧等组成。

（2）工作原理。

1）当凸轮转到工作面使挺柱上推时，挺柱像一个刚体一样推动气门开启。

2）当凸轮转到非工作面，解除了对推杆的推力，向挺杆体腔内油压降低。

3）若气门、推杆受热膨胀，挺柱回落后向挺柱体腔内的补油过程便会减少补油量或使挺柱体腔内的油液从柱塞与挺柱体间隙中泄漏一部分。

（3）特点：可消除配气机构中间隙，减小零件的冲击载荷和噪声，同时凸轮轮廓可设计得比较陡些，使气门开启和关闭更快，以减少进排气阻力，改善发动机的换气，提高发动机的性能，特别是高速时。

（4）功用：将凸轮的推力传给推杆或气门，并承受凸轮轴旋转时所施加的侧向力。

（5）结构形式：筒式、滚轮式。

材料：镍铬合金、冷激合金铸铁。

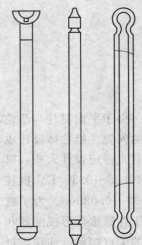

图 6-22　杆结构简图

6.6.3　推杆的设计

（1）功用。推杆的作用是将从凸轮轴传来的推力传给摇臂，它是配气机构中最容易弯曲的零件。要求有很高的刚度，在动载荷大的发动机中，推杆应尽量地做得短些。

（2）材料。硬铝、钢。

（3）结构。实心推杆、硬铝棒、钢管。

为了改善配气机构动力性能，应尽力提高推杆刚度，甚至不惜稍稍增大其重量。另一方面缩短推杆的长度是提高整个驱动机构刚度、增大推杆纵向稳定性及减轻推杆重量的最有效措施，如有可能，应使凸轮轴尽可能靠近气门。

推杆是一种受压细长杆件，在制造中应仔细校直，使不直度不超过 0.1～0.2mm，杆结构简图如图 6-22 所示。

6.6.4　摇臂的设计

（1）功用。将推杆和凸轮传来的力改变方向，作用到气门杆以推开气门。

（2）工作过程。实际是一个双臂杠杆。

为了在较小的重量下得到较大的刚度，摇臂的两臂多采用工字形或 T 字形界面（图 6-23）。摇臂一端接触推杆，另一端接触气门尾部顶端，摇臂摆动推着气门移动，在其接触面间必产生滑动摩擦，使接触面磨损，并使气门承受侧向力，加速气门与气门导管的磨损。在结构设计中尽量使气门杆尾部顶端平面与摇臂接触面的滑动量最小。为此使气门关闭时，气门杆顶端面应高出垂直于气门轴线的摇臂轴直径平面，高出的距离为气门最大升程的 1/3～1/2。摇臂的接触面采用热处理淬硬措施提高其耐磨性。摇臂结构应有气门间隙调整装置。

还应指出：摇臂及其支座的柔度常常占气门驱动机构总柔度的 1/2 以上，设计不当会严重影响整个机构的动力特性，应保证其足够的刚度。

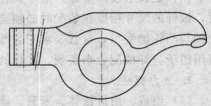

图 6-23　臂结构简图

摇臂传动比对配气机构的动力特性有很大影响，在气门升程相同的情况下，增大摇臂比将使凸轮升程减小，相应的气门驱动机构各零件的速度、加速度也都降低，它们作用在凸轮表面的惯性力减小，而且凸轮最小曲率半径增大，从这几方面看，似乎有可能降低凸轮挺柱间的接触应力，提高它们的工作耐久性。但是气门组零件作用在凸轮挺柱间的惯性力却因摇臂比的增大而增大，这是两个相反的因素。另外在摇臂总长因结构所限不能改变时，摇臂传动比加大会使气门一侧的摇臂长度增大，因而刚度下降，影响配气机构的动力特性。最佳摇臂传动比 i 的选择比较复杂，与柴油机结构特点有很大关系，必须全面考虑，最后通过试验确定，一般 $i=1.2\sim1.8$。

第7章 燃油供给系统设计

7.1 燃油供给系统的概述及主要性能指标

内燃机燃油供给系统是内燃机最重要也是设计制造精度最高的系统之一，它对整机的动力性、经济性、排放与噪声、机械负荷、热负荷以及工作可靠性、耐久性都有重大影响，是发动机设计与开发过程中的重点环节。因此人们在强调这个系统的重要性时，常常把它比喻为内燃机的"心脏"。

燃油供给系统应按内燃机工作需要，将适量的燃油，在适当的时刻，以适当的空间状态喷入燃烧室，保证混合气形成与燃烧的顺利进行，以满足柴油机在功率、扭矩、转速、油耗、噪声、排放以及起动和急速等方面的要求。

柴油机燃油供给系统通常按产生喷射部分的工作原理与结构特点可分为：泵—管—嘴系统、泵—喷嘴系统和共轨式系统。除了上述分类以外，还可以按喷油量与其他喷油参数的调节方式分为机械式与电控式两大类。本章主要介绍机械式供油系统的设计方法。

7.1.1 燃油供给系统的设计要求

（1）准确地计量供油。对应于柴油机每一工况能精确、及时地控制每循环喷入气缸的燃料量，工况不变时每循环、各气缸的喷油量应均匀，保证各气缸工作的均衡性和整机运行的稳定性。

（2）在柴油机运转的整个工况范围内，保持合适的喷油正时，以便得到内燃机经济性、振动特性和最佳排放。

（3）能产生足够高的喷射压力，喷雾特性与燃烧室配合良好，油束的雾化、分散、分布与贯穿适度。

（4）喷油规律同混合气形成与燃烧过程配合良好，取得合适的燃烧速率、压力增长率和最高爆发压力。

（5）能保证柴油机安全，供油设备工作可靠，使用寿命长，结构简单、紧凑，零件工艺性好，维修保养容易。

7.1.2 供油系统设计大致程序

（1）供油设备基本参数的初选。按照内燃机要求，利用已有的简化计算公式或经验数据，初步选定供油系统的基本参数。根据供油系统系列产品的技术规范选定型号并初步确定对性能影响较大的结构尺寸（柱塞直径、凸轮型线、出油阀减压容积、喷油嘴喷孔尺寸等）。选用多种方案，同时注意喷油速率和最高压力之间的关系，使泵端峰值压力在允许范围内，并验算主要零件的强度和刚度。为了使选择的参数更接近实际，减少方案数目，节省工作量，可通过计算机模拟软件对喷油过程进行模拟计算。

（2）供油系统的配套试验和预调。重点在于确定喷油泵、高压油管和喷油嘴之间的良好配合，以满足内燃机性能要求。在实验台上进行一般性调整试验，根据上述初选的各组参数方案，测定喷油规律和泵端峰值压力等，并记录针阀运动和油管压力波形图，通过绘制稳定区域图，对供油系统的工作作出判断，对预选方案作出取舍，如果出现二次喷射和大量不规则喷射时，应对某些参数进行相应地改变。

（3）发动机配套试验。参数的最后选定仍要依靠内燃机试验。在台架试验中应对全负荷功率、油耗、最小烟度要求的正时、起动正时、空转正时以及噪声正时等予以全面考虑，选定最佳喷油提前角；在满足动力性、经济性和排放性的同时全面考虑各项指标，选定最佳配合或取得一个折中方案。

（4）装机使用实验和定型。

（5）大批量生产考核。

7.2 喷 油 泵

7.2.1 喷油泵的结构与工作原理

7.2.1.1 喷油泵功用、要求、型式

1. 功用

提高柴油压力，按照柴油机的工作顺序，负荷大小，定时定量地向喷油器输送高压柴油，并且保证各缸供油压力均等。

2. 要求

（1）泵油压力要保证喷射压力和雾化质量的要求。

（2）供油量应符合柴油机工作所需的精确数量。

（3）保证按柴油机的工作顺序，在规定的时间内准确供油。

（4）供油量和供油时间可调整，并保证各缸供油均匀。

（5）供油规律应保证柴油燃烧完全。

（6）供油开始和结束，动作敏捷，断油干脆，避免滴油。

3. 型式

柴油机的喷油泵按其工作原理不同可分为柱塞式喷油泵、喷油泵—喷油器和转子分配式喷油泵3类，按结构分为单体泵（图7-1）和合成泵（图7-2）。柱塞式喷油泵的每个柱塞元件对应于一个气缸，多缸柴油机所用的柱塞数和气缸数相同且合为一体，构成合成式柱塞泵；对于小型单缸和大型多缸柴油机，常采用每个柱塞元件独立组成一个喷油泵，称之为单体式喷油泵。柱塞式喷油泵是目前发展最为成熟与应用最为广泛的一种喷油泵，本节主要介绍柱塞式喷油泵。分配式喷油泵是用一个或一对柱塞产生高压油向多缸柴油机的气缸内喷油，主要用于小缸径高速柴油机上，其制造成本较低。泵-喷嘴是将喷油器和喷油泵合成一体，单独地安装在每一个气缸盖上，多用于高强化柴油机上。

7.2.1.2 柱塞式喷油泵的工作原理

为使喷油泵能够给喷油器供给精确的高压燃油，就必须有一对精密配合的柱塞和柱塞套组成的柱塞偶件。柱塞偶件采用优质合金钢制成，经过热处理和研磨，以严格控制其配

合间隙（一般选择为 0.0015～0.0025mm），保证燃油的增压及柱塞偶件的润滑间隙。柱塞偶件是选配成对的，不能互换。

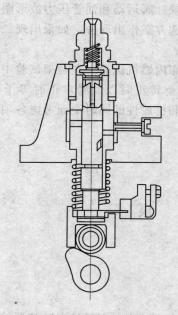

图 7-1　单体式喷油泵结构

图 7-2　合成式喷油泵

柱塞式喷油泵的组成和工作原理如图 7-3、图 7-4 所示。

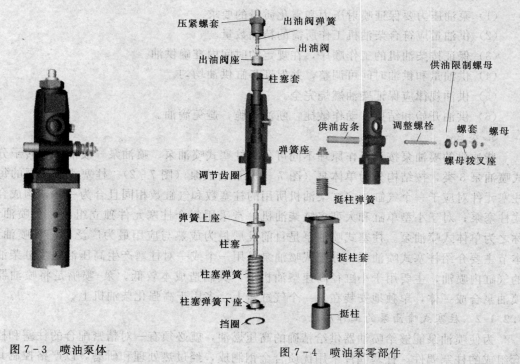

图 7-3　喷油泵体

图 7-4　喷油泵零部件

工作时，在喷油泵凸轮轴上的凸轮与柱塞弹簧的作用下，迫使柱塞作上、下往复运动，从而完成泵油任务，泵油过程（图 7-5）可分为以下 3 个阶段。

（1）进油过程。当凸轮的凸起部分转过去后，在弹簧力的作用下，柱塞向下运动，柱塞上部空间（称为泵油室）产生真空，当柱塞上端面把柱塞套上的进油孔打开后，充满在油泵上体油道内的柴油经油孔进入泵油室，柱塞运动到下止点，进油结束。

（2）供油过程。当凸轮轴转到凸轮的凸起部分顶起滚轮体时，柱塞弹簧被压缩，柱塞向上运动，燃油受压，一部分燃油经油孔流回喷油泵上体油腔。当柱塞顶面遮住套筒上进油孔的上缘时，由于柱塞和套筒的配合间隙很小（0.0015～0.0025mm），使柱塞顶部的泵油室成为一个封闭油腔，柱塞继续上升，泵油室内的油压迅速升高，泵油压力大于出油阀弹簧力与高压油管剩余压力之和时，推开出油阀，高压柴油经出油阀进入高压油管，通过喷油器喷入燃烧室。

（3）回油过程。柱塞向上供油，当上行到柱塞上的斜槽（停供边）与套筒上的回油孔相通时，泵油室低压油路便与柱塞头部的中孔和径向孔及斜槽沟通，油压骤然下降，出油阀在弹簧力的作用下迅速关闭，停止供油。此后柱塞还要上行，当凸轮的凸起部分转过去后，在弹簧的作用下，柱塞又下行，此时便开始了下一个循环。

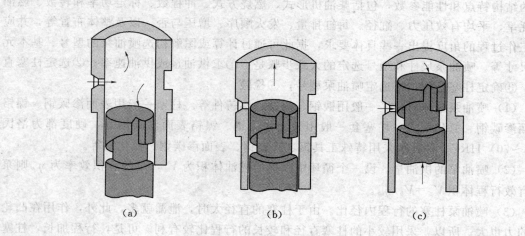

（a）　　　　　　　　　　（b）　　　　　　　　　　（c）

图 7-5 喷油泵泵油过程
(a) 进油过程；(b) 供油过程；(c) 回油过程

从喷油泵的工作原理可以看出：

（1）柱塞往复运动总行程是不变的。

（2）柱塞每循环的供油量大小取决于供油行程（有效行程），供油行程不受凸轮轴控制且是可变的。供油行程（有效行程）是指从柱塞上边缘遮住油孔到斜槽打开油孔所经历的行程。

（3）供油持续时间与供油量由供油行程（有效行程）决定。

（4）转动柱塞可改变供油结束时刻，从而改变供油量。

转动柱塞的结构一般有两种：齿条杆式调节机构和拨叉式调节机构，如图 7-6、图 7-7 所示。

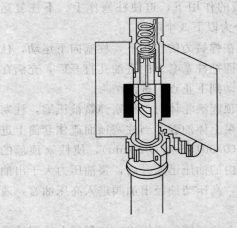
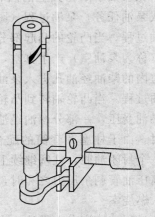

图 7-6　齿条杆式调节机构　　　图 7-7　拨叉式调节机构

7.2.2　喷油泵的选型与设计

在柴油机设计时，通常在已有的各种喷油泵系列中进行选型，为此必须预先了解柴油机的结构特点和性能参数，包括柴油机形式、燃烧方式、冲程数、标定功率和转数、燃油消耗率、平均有效压力、缸径、每缸排量、发火顺序、增压与否，以及整体布置等，并应从工作过程的角度提出一些具体要求，据此可通过计算或图解初选喷油泵的型号、基本元件尺寸等。喷油泵尺寸和型号选定的大致步骤是：①求供油量或供油速率；②选定柱塞直径；③确定柱塞升程；④选定喷油泵型号；⑤检验。

（1）喷油泵泵体材料。一般用锻钢、铸铁、铝铸件等。柱塞一般用表面渗碳钢、镍铬表面渗碳钢、氮化钢等，柱塞套一般用表面渗碳钢、镍铬表面渗碳钢等，硬度都为洛氏（60～70）HRC。各种阀采用特殊工具钢、镍铬钢、表面渗碳钢、氮化钢等。

（2）喷油泵的供油量。设一个循环中喷射的燃油体积为 V_b，泵的容积效率为 η_{vp} 则泵的有效行程体积 $V_p = V_b / \eta_{vp}$。

（3）喷油泵柱塞的行程内径比。由于柱塞的直径大时，泄漏就多，此外，作用在凸轮上的力也大。所以，采用较小的柱塞直径和较长的行程比较有利。可是，行程加长，柱塞的速度变大，就有烧黏的危险，因此也要加以限制。

柱塞直径为 30mm 以下时，柱塞平均速度为 1～1.2m/s，柱塞直径在 10mm 以下时，柱塞平均速度为 1.5～2m/s。

设喷射时间用曲轴转角 θ 表示，额定转速用 n，柱塞平均速度用 ω_{km}（m/s）表示，则柱塞的有效行程为

$$h_e = 100\theta\omega_{km}/6n \text{(cm)}, \quad V_p = h_e\pi d^2/4 \text{（} d \text{ 为柱塞直径 cm）}$$

如求得 V_p，就可决定直径。在回油孔式泵中，由于仅有行程的一部分用于喷射，选全行程 $h = （2～3）h_e$。通常采用的行程内径比为：回油孔式（无吸入阀），$h/d = 0.8～1.8$；变行程及节流调节式，$h/d = 0.3$。

（4）凸轮的形状选择。在回油孔式喷油泵中，达到最大行程的凸轮转角为 $120°～180°$（高速）或 $60°$（低速）。在行程的 1/3～1/2 处关闭进油孔，有效行程的转角取为 $13°～$

15°，喷射期间柱塞速度不变，或在喷射终了时使速度达到最大。但在高压喷射的情况下，喷射结束时使速度稍微低一些有利于断油。凸轮的加速度在 200m/s² 以内。凸轮大多是做成对称式的。

在变行程或节流调节式泵中，以 13°～15°转角达到最大行程，加速度取－200～＋300m/s²，进油行程和回油阀式一样。凸轮多数采用带滚子的圆弧凸轮或切线凸轮。

7.2.3 柱塞偶件

7.2.3.1 柱塞偶件的结构原理

柱塞偶件是柱塞式喷油泵的精密泵油元件。现代柴油机柱塞式喷油泵广泛采用滑阀式柱塞偶件，其基本作用是泵油、控制每循环供油量、供油始点、终点和供油延续时间。典型的柱塞偶件如图 7－8 所示。

柱塞和柱塞套之间精密配合既要保证良好的滑动性，又要有很高的液压密封性。

柱塞偶件的结构和参数与供油系统的供油特性、循环供油量、供油速率、供油延续时间、喷雾质量以及喷射结束时燃油系统的减压等密切相关，它也是决定供油系统其他零部件（如出油阀、喷油嘴和输油泵等）主要特性参数的基础以及决定喷油泵体、凸轮轴和喷油泵驱动装置等强度和尺寸的依据。

在选定喷油泵及其基本元件尺寸以后，可按相应的系列规范选定柱塞偶件，而柱塞头部的形状和某些尺寸（主要是控油斜边的角度、进回油孔直径和位置等）按柴油机具体要求设计。控油斜边在柱塞头部的布置型式有上置式、下置式和上下置式 3 种（图 7－9、图 7－10）。

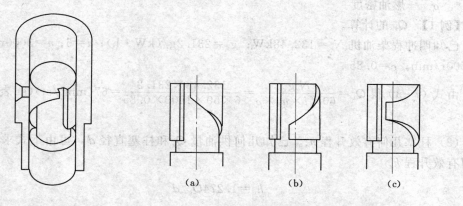

图 7－8 柱塞偶
件结构

图 7－9 柱塞头部结构布置图
(a) 下置式；(b) 上置式；(c) 上下置式

控油斜边下置式柱塞的工作特点是供油始点不变，供油终点随柱塞的转动而改变。下置式柱塞在固定式发动机、机车柴油机及小型高速柴油机中被广泛采用。用于运输式柴油机时往往还要加喷油提前调节器，以便在不同转速运转时改变供油提前角。

上置式柱塞工作时供油终点不变，供油始点随油量（或负荷）减少而延迟，以改善工作的柔和性。这种结构适用于要求转速与供油量变化一致的柴油机（如船用）。

控油斜边上下分置式柱塞使供油始点与终点同时改变，适用于转速和负荷经常变化的柴油机，但由于柱塞结构和工艺比较复杂而用得较少。

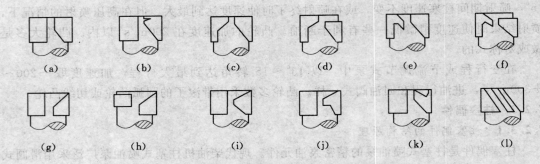

图 7-10 柱塞头部不同形状的控油斜边

上述 3 种型式,国内大多使用下置式,国外使用上下置式较多。

7.2.3.2 柱塞偶件的设计与计算

(1) 柱塞直径 d 的确定。按标定功率时每循环的喷油量 Q_1 选择

$$Q_1 = \frac{N_e g_e}{60 \times i \times n_p \times \rho} \tag{7-1}$$

式中　　g_e——燃油消耗率;

N_e——柴油机有效功率;

n_p——喷油泵凸轮的转速;

i——气缸数;

ρ——燃油密度。

【例 1】 Q_1 的计算。

已知四冲程柴油机 $N_e = 132.48\text{kW}$; $g_e = 231.2\text{g/(kW·h)}$; $i = 6$; $n = 3000\text{r/min}$; $n_p = 1500\text{r/min}$; $\rho = 0.85$

由式 (7-1) 得 $Q_1 = \dfrac{N_e g_e}{60 \times i \times n_p \times \rho} = \dfrac{132.48 \times 231.2}{6 \times 60 \times 1500 \times 0.85} = 67 (\text{mm}^3/\text{st})$ (st 表示每次喷油)

(2) 柱塞几何有效升程 h_e。已知几何供油量 Q_g 和柱塞直径 d,可由下式求出相应的几何有效升程 h_e

$$h_e = 1.274 Q_g / d^2 \tag{7-2}$$

(3) 全升程 H。有效几何升程 h_e 与全升程 H 之比为 $1/5 \sim 1/3$。初选时一般非增压柴油机可以用下式计算

$$H = (3.5 \sim 4) h_e \tag{7-3}$$

(4) 几何供油持续时间 φ_p。现代柴油机实际喷油持续时间 φ (曲轴转角),高速、低速机为 $\varphi = 25° \sim 30°$;中速机为 $\varphi = 30° \sim 40°$ 于是

$$\varphi_p = \frac{\varphi Z}{\Delta} \tag{7-4}$$

其中　　　　　　　　　　$\Delta = 1.2 + 0.783 \times 10^{-5}(n_p - 6000)$

式中 Z——冲程系数（二冲程机＝1，四冲程＝0.5）；

　　　　Δ——与几何供油持续时间相比，考虑到持续时间加大的修正系数；

　　　　p——回油开始瞬间高压油管内的燃油压力。一般高速机为 $50\sim90$ MPa，中速机为 $70\sim110$ MPa，低速机为 $60\sim80$ MPa。

（5）柱塞平均速度 C_p。柱塞在其几何有效行程内的平均速度为

$$C_p=\frac{60n_ph_e}{\varphi_p}\tag{7-5}$$

柱塞在供油期间的平均速度一般在 $1.4\sim2.3$ m/s。

【例2】 为一单缸功率 $N_e=60$ kW，额定转速 $n=2000$ 的直喷式六缸四冲程柴油机选配一种合适的喷油泵。

设燃油消耗率 $g_e=230$ g/(kW·h) 现应计算由喷油泵对每缸每行程所供给的燃油量。每缸每小时所消耗的油量为 N_eg_e。对其供油量来说必须是 $60n/2$ 次喷油。在燃油密度 $\rho=0.85$ g/cm³ 时，用下列公式可以算出喷油量

$$Q=\frac{N_eg_e1000}{\rho\dfrac{60n}{2}}=\frac{60\times230\times1000}{0.85\times60\times\dfrac{2000}{2}}=270\,(\text{mm}^3/\text{st})$$

柱塞泵油还必须计算卸载容积油量，在燃油输送到高压油管之前柱塞已经完成卸载容积充油任务，以提高其压力。在供油结束之后，由出油阀的卸载带再使高压油管降压，以使喷油嘴针阀迅速关闭，防止后喷现象。

假定卸载油量大约是供油量的 25%，因此供油总量为 340 mm³/st。要求在尽可能短的时间内将此总供油量输送完毕。取从供油开始到供油结束的供油角度 φ 为 $4°\sim8°$ 作为四冲程直喷式柴油机的参考值。柱塞在每度凸轮转角内所提供的油量（即供油率）为

$$\gamma=h'\frac{\pi}{180}\times\frac{d^2\pi}{4}$$

如果取供油范围内的柱塞平均相应速度 h' 与柱塞行程 h 的比值为 1.8，并设柱塞行程直径的 1.2 倍，那么

$$Q=\gamma\varphi$$

$$Q=1.8\times1.2\times\frac{d^3\pi^3\varphi}{4\times180}$$

$$d=3.23\times\sqrt[3]{\frac{Q}{\varphi}}=3.23\times\sqrt[3]{\frac{340}{6}}=12.4\,(\text{mm})$$

$$h=1.2\times12.4=14.9\,(\text{mm})$$

因此取柱塞直径为 13 mm，行程为 15 mm，下面就可以进行进一步的分析研究。经过近似计算后，用下式可以算出高压油管的泵端压力，此压力大致相当于柱塞上面的泵腔压力

$$P_{PL}=\alpha\rho\frac{d^2}{d_L^2}h'\omega_p=\alpha\rho\frac{d^2}{d_L^2}\times\frac{1.8\times1.2d\pi n}{1000\quad30}$$

在高压油管内径为 $d_L = 2.75\text{mm}$ 和燃油中音速为 $a = 1300\text{m/s}$ 时，可用下式得出最大压力

$$P_{PL} = \frac{1300 \times 850 \times 13^2 \times 18 \times 1.2 \times \pi \times 1000}{2.75^2 \times 1000 \times 30} = 73 \text{(MPa)}$$

在上述情况下，从可靠性考虑柱塞上面的压力必须以 75MPa 计算。

7.2.3.3　柱塞螺旋槽的尺寸设计

螺旋槽柱塞展开如图 7-11 所示，控油斜边为一直线。图中 H—H 为基准线，d_0 为进回油孔直径，O_1—O_1 为停油位置，O_2—O_2 为最大油量位置。由图可知螺旋升角 α 和螺旋导程 t 的关系为

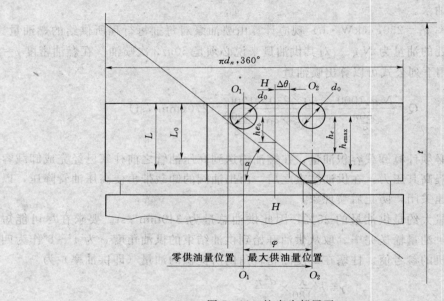

图 7-11　柱塞头部展开

$$\tan\alpha = \frac{t}{\pi d_n} \tag{7-6}$$

螺旋导程按通用标准选值（如 11、12、15、20、30、40、60 等）。

如通过 H—H 面的控油斜边所对应的母线长度 L_0，油孔直径 d_0，则有效行程

$$h_{e_0} = L_0 - \frac{d_0}{2}\left(1 + \frac{1}{\cos\alpha}\right) \tag{7-7}$$

相对于 H—H 面转过 $\Delta\theta$ 角后，控油斜边所对应的母线长度为 L 则

$$L = L_0 + \frac{\pi d_n}{360°}\tan\alpha\Delta\theta$$

式中的 $\Delta\theta$ 可取正负两个方向（单位为度）对于 L 的柱塞有效行程 h_e 为

$$h_e = L_0 + \frac{\Delta\theta}{360°}\pi d_n\tan\alpha - \frac{d_0}{2}\left(1 + \frac{1}{\cos\alpha}\right) \tag{7-8}$$

令
$$C_1 = L_0 - \frac{d_0}{2}\left(1 + \frac{1}{\cos\alpha}\right)$$ (7-9)

$$C_2 = \frac{\pi d_n}{360°}\tan\alpha = \frac{t}{360°}$$

则
$$h_e = C_1 - C_2\Delta\theta$$

对于给定的柱塞偶件 C_1、C_2 都是常数，$\Delta\theta$ 为柱塞转角。

7.2.4 喷油泵凸轮

喷油泵凸轮，尤其是凸轮型线设计为喷油泵设计中的关键问题之一。凸轮与从动件（一般为滚轮与挺柱体）是一对密切相关的配合件。凸轮型线规定了柱塞的运动规律，它对供油起讫时间、供油压力、供油规律、油泵工作容量以及最高转速有决定性作用。凸轮与滚轮之间的接触应力大小又直接影响喷油泵的使用寿命。

凸轮的重要特性是升程、速度和加速度与凸轮转角的关系。

7.2.4.1 喷油泵凸轮种类及工作段的选择

凸轮按凸轮轮廓可分为凸面凸轮、切线凸轮和凹面凸轮 3 种基本形式，此外还有由上述型面混合组成的多圆弧凸轮以及函数凸轮等。

凹面凸轮的速度与加速度最大，其次是切线凸轮，凸面凸轮较低。多圆弧凸轮和函数凸轮可按需要改变速度和加速度规律，以改善凸轮供油过程。

目前高速柴油机普遍采用切线凸轮（包括切线单圆弧和切线多圆弧等）；而凸面凸轮主要用于一些低、中速柴油机，凹面凸轮因工艺复杂较少采用。

常用凸轮的速度规律可分为三角形、梯形、混合形和连续函数形等 4 类。

凸轮外形有对称式（蛋形或扇形）和不对称式。对称式凸轮可允许逆转，扇形凸轮既可避免与输油泵凸轮从动体发生干涉，又可改善凸轮轴受力状况，但缩短了进油时间。不对称式凸轮可减少噪声，但不能逆转（图 7-12）。

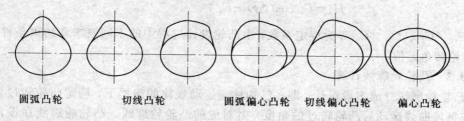

圆弧凸轮　　　切线凸轮　　　圆弧偏心凸轮　　切线偏心凸轮　　偏心凸轮

图 7-12 不同的凸轮外形

7.2.4.2 构成凸轮的基本要素

以切线凸轮为例，构成凸轮的几何要素包括：基圆直径、升程、过渡圆弧、凸轮切线及坡度。

基圆直径：它是构成凸轮的基本几何参数，又是滚轮间歇供油运动的轨道面。

升程：它确定了柱塞的最大行程，并与柱塞直径形成的速度容积，决定了喷油泵循环供油量。

过渡圆弧：它是影响滚轮运动的重要参数，它的大小影响着供应速率和接触应力的大小。

凸轮切线及坡度：它是影响柱塞运动速率的重要因素。切线坡度越斜，柱塞速率越高。但有效行程转角就越小。

7.2.4.3　喷油泵凸轮的设计与计算

供油凸轮作为喷油系统中的重要零件之一，其轮廓线形状决定着喷油规律的变化。根据喷油泵元件的基本尺寸、参数选定凸轮的基本尺寸来计算柱塞运动特性或挺柱的运动特性，进而确定凸轮型线。

7.2.4.3.1　柱塞运动方程

柱塞位移曲线的确定应按照每段运动曲线的功能采用相应的函数。

第一段：切线加速段，为了在供油工作段时使柱塞的速度达到最高，应采用加速度尽可能大的加速段，因此采用加速度最大的切线加速作为加速段。

第二段：等加速段，采用等加速度函数过渡，与第三段联合计算，保证连续性要求。

第三段：降加速度段，采用加速度为直线下降的函数，使许用喷射压力的变化趋势与喷射后期压力下降的趋势基本吻合。

第四段：余弦减速段，采用负加速度尽可能大的减速段，用余弦函数实现目标，因为余弦函数的二阶导数仍为余弦函数，所以它的升程（与弹簧力成正比）曲线与加速度曲线的变化趋势完全吻合。

柱塞各段运动方程如下

$$
\left.
\begin{aligned}
H_1 &= C_{11}/\cos(\Delta\phi) \\
H_2 &= C_{21}\frac{\Delta\phi^2}{2} + C_{22}\Delta\phi + C_{23} \\
H_3 &= C_{31}\frac{\Delta\phi^3}{6} + C_{32}\frac{\Delta\phi^2}{2} + C_{33}\Delta\phi + C_{34} \\
H_4 &= C_{41}\cos(\Delta\phi) + C_{43}
\end{aligned}
\right\}
\tag{7-10}
$$

其中，C_{11}、C_{21}、C_{31}、C_{41}等为待定系数，由凸轮设计过程中的不同要求和约束条件决定；$\Delta\phi$为凸轮转角差值。

7.2.4.3.2　凸轮轮廓线计算

将凸轮轮廓线分成多段设计，即在已知柱塞运动规律的前提下，确定凸轮转过某角度（柱塞按每段曲线运动后凸轮转过的角度）时对应的凸轮轮廓线。凸轮轮廓线在设计时分为理论轮廓线和实际轮廓线。凸轮与从动件直接接触的轮廓线称为凸轮的工作廓线，即实际轮廓线，它与理论轮廓线之间的法线距离相等，对于滚子从动件盘形凸轮机构，设该距离等于滚子半径。

凸轮的理论轮廓线方程如下

$$
\begin{aligned}
x &= (R_0 + H)\sin\phi \\
y &= (R_0 + H)\cos\phi
\end{aligned}
\tag{7-11}
$$

式中　R_0——基圆半径，mm；

　　　ϕ——凸轮转角，(°)；

H——柱塞升程，mm。

实际轮廓线方程为

$$X_A = x + R_M dy/d\phi \sqrt{(dx/d\phi)^2 + (dy/d\phi)^2}$$

$$Y_A = y + R_M dy/d\phi \sqrt{(dx/d\phi)^2 + (dy/d\phi)^2} \qquad (7-12)$$

式中 R_M——滚子半径，mm。

7.2.4.3.3 凸轮设计中的约束条件

1. 凸轮轮廓线连接点约束条件

凸轮轮廓线连接点需保证位移连续光滑，速度连续，加速度允许间断；保证供油工作段的许用接触力满足喷射压力的需要。

2. 最小曲率半径

因为当轮廓线曲率半径为零时，轮廓线上出现尖点；曲率半径为负值时，在包络加工过程中轮廓线相交，交点以外轮廓线会被切掉，导致运动失真。所以必须对最小曲率半径加以限制，最小曲率半径 R_{min} 可以由以下公式得到

$$R_{min} = \frac{(R_M + R_0 + H_{4E})^2}{R_M + R_0 + H_{4E} - A_1} - R_M \text{(mm)} \qquad (7-13)$$

$$A_1 = -\frac{1000(H_{4E} + H_P)C}{36 P_1^2 N^2 C_K A_M}$$

式中 H_{4E}——第四段末的升程，mm；

　　H_P——运动件预压缩量，mm；

　　A_M——运动件惯性质量，kg；

　　C_K——弹簧安全系数；

　　C——弹簧刚度，N/mm；

　　P_1——角度与弧度转换关系，$P_1 = 3.14/180$；

　　N——发动机转速，r/min。

3. 某点许用压力

在已知某点的行程、速度、加速度时，利用下式可求得该点的许用应力 p

$$p = \frac{4 p_0^2 B_M R_M R_X \cos\left[A \tan \dfrac{V}{P_L(R_M + R_0 + H)}\right]}{418^2 \pi D_p^2 E(R_M + R_X)} \text{(MPa)} \qquad (7-14)$$

$$R_X = \frac{\sqrt{\left[(R_0 + R_M + H)^2 + \left(\dfrac{V}{P_1}\right)^2\right]^3}}{(R_0 + R_M + H)^2 + 2\left(\dfrac{V}{P_1}\right)^2 - (R_0 + R_M + H)\dfrac{A}{P_1^2}} - R$$

式中 p_0——材料许用接触应力，MPa；

　　D_p——从动件直径，mm；

　　E——弹性模量，MN/mm²；

B_M——凸轮宽度，mm；

A——加速度，mm/rad^2；

V——速度，mm/rad；

H——行程，mm。

7.2.4.3.4 喷油泵凸轮轮廓线的设计

喷油泵凸轮轮廓线的设计是喷油泵凸轮设计的最重要一环，凸轮轮廓线的形状直接决定了供油规律的变化。

$$\left.\begin{array}{l}\text{工作条件}\\\text{结构条件}\end{array}\right\}\Rightarrow\left\{\begin{array}{l}\text{凸轮的形式}\\\text{基圆半径等尺寸}\end{array}\right.+\left\{\begin{array}{l}\text{从动件运动规律}\\\text{凸轮转向}\end{array}\right.\xrightarrow{\text{反转法}}\text{设计廓线}$$

已知柱塞有效升程和全升程，选定基圆、滚轮直径和凸轮形状，可以用计算法或图解法求解。

1. 图解法

在设计凸轮廓线时，可假设凸轮静止不动，而使推杆相对于凸轮作反转运动，同时又在其导轨内作预期运动，做出推杆在这种复合运动中的一系列位置，则其尖顶的轨迹就是所要求的凸轮廓线（图 7 - 13）。

（1）绘制并等分位移线图 δ_r，δ_f（图 7 - 14）。

（2）画基圆按（放大比例，一般用 4∶1）。

（3）等分基圆的推杆在反转运动中导轨占据的各个位置。

（4）求推杆在复合运动中占据的位置。

（5）连线。

按上述绘出滚子中心 A 在推杆复合运动中依次占据的位置 $1'$、$2'$、…然后以 $1'$、$2'$、…为圆心，以滚子半径为半径，作一系列圆，再作此圆簇的包络线，即为凸轮的轮廓曲线。

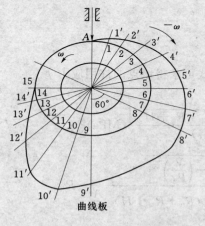

图 7 - 13 推杆尖顶轨迹

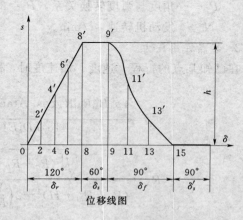

图 7 - 14 位移线图

把滚子中心在复合运动中的轨迹称为凸轮的理论廓线；把与滚子直接接触的凸轮廓线称为凸轮的实际廓线；凸轮的基圆半径指理论廓线的基圆半径（等距线）。

2. 解析法

解析法一般是通过计算的方法来求出凸轮轮廓曲线方程。现代设计中由于计算机技术的发展，目前大部分设计方法是通过对某柴油机供油凸轮进行分析，然后编写出程序，利用计算机软件绘制出各段的运动方程位移曲线、速度曲线和加速度曲线以及凸轮轮廓线，以及凸轮升程阶段的柱塞速度一转角图、加速度一转角图、位移一转角图。

目前国内大部分柴油机凸轮设计大多采用图解法。但是随着社会的发展，对柴油机动力性与燃油经济性的要求越来越高，这就要求对发动机燃烧过程进行进一步改善与控制。对喷油规律的研究是改善发动机燃烧过程的重要途径之一，供油凸轮的计算机设计改善了传统设计中的不足，提高了发动机的工作性能，减少了设计上的重复性工作，降低了设计成本，具有一定的社会价值和经济价值。

7.3 出 油 阀

7.3.1 出油阀的种类和作用

为了保证正常的喷油过程，大多数柱塞式喷油泵内都装有出油阀偶件。出油阀偶件位于柱塞偶件的上部，阀座紧压在柱塞套顶面，出油阀由出油阀弹簧提供一定的预载荷，起单向止回阀作用。出油阀偶件是柴油机燃油系三大精密偶件之一，配对研磨后不能互换，其技术状况会直接影响柴油机的工作，在喷油过程中担负着重要任务，对控制高压系统的残余压力、喷油时刻、提高喷油压力、喷油规律、速度特性等都起着关键作用，最终将影响喷油泵速度特性和柴油机工作性能。

7.3.1.1 出油阀偶件的作用

（1）使柱塞腔与高压油管在不供油时互相隔断，以防止当柱塞下行时将高压油管中的燃油吸回油泵腔。

（2）控制高压油管中保持一定的残余压力以便在下次喷油时，高压油管内燃油压力可以很快升高。

（3）在喷油泵供油结束时，能使高压油管中的油压迅速降低，以保证断油干脆利落，消除喷油器的滴油现象。

7.3.1.2 出油阀的种类

现在实际应用的出油阀偶件有很多结构形式，大致可分为以下几种。

（1）等容式出油阀。

（2）阻尼式出油阀。

（3）等压式出油阀。

（4）密封座面下置式出油阀。

（5）缓冲式出油阀。

（6）节流式出油阀。

（7）无减压凸缘的出油阀。

（8）片状出油阀等。

出油阀的减压能力、流通特性对柴油机的工作过程和性能指标有重要影响。现在应用最多的是容积减压式出油阀。本书主要介绍等容出油阀和等压出油阀。

出油阀和出油阀座应采用 YB/T 9—1968《铬轴承钢技术条件》中规定的 GCr15 滚珠轴承钢制造，也可采用 GB/T 18254—2002《高碳铬轴承钢》中规定的 GCr15 高碳铬轴承钢制造。出油阀还可采用 GB/T 3077—1999《合金结构钢》中规定的 18Cr2Ni4WA 低碳合金结构钢制造。采用 GCr15 滚珠轴承钢或高碳铬轴承钢制造的出油阀和出油阀座的表面不允许有烧伤，出油阀座硬度为（60～64）HRC，出油阀硬度为（60～63）HRC。采用 18Cr2Ni4WA 低碳合金结构钢制造的出油阀应渗碳或碳氮共渗淬火，其表面硬度为（720～820）HV10，有效硬化层深度应符合有关技术文件的规定。在有技术依据并经用户同意的情况下，出油阀和出油阀座允许采用其他牌号的钢材制造。

7.3.2 出油阀偶件的工作原理与参数合理设计

7.3.2.1 等容出油阀

1. 等容式出油阀的工作原理

等容式出油阀结构如图 7 - 15 所示，这种出油阀广泛地应用在各种用途的柴油机上。在喷油泵不供油时出油阀相当于单向阀，将柱塞腔和出油阀腔隔开。当柱塞腔压力升高、克服高压油管内残余压力和出油阀弹簧力时，出油阀才从阀座上升起。由于减压凸缘和阀座导向孔的间隙小，只有减压凸缘离开导向孔后，燃油才从柱塞腔供入出油阀腔。当柱塞腔控油螺旋边打开回油孔后，柱塞腔压力急剧下降，出油阀开始落座。当减压凸缘进入导向孔后，柱塞腔和出油阀腔隔开，直至落座，从而使高压油腔内增加了一个减压容积 V_0。

$$V_0 = \frac{\pi}{4} d_1^2 h_0 \qquad (7 - 15)$$

式中 d_1——出油阀直径；

       h_0——出油阀减压升程。

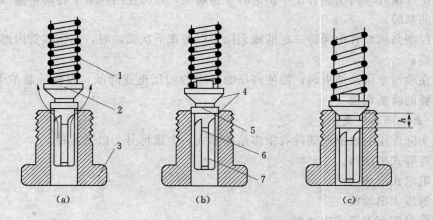

图 7 - 15 等容式出油阀

(a) 供油状态；(b) 开始关闭；(c) 关闭状态

1—出油阀弹簧；2—出油阀芯；3—出油阀座；4—密封座面；5—减压带；6—导向面；

7—油槽；h—减压高度

2. 等容式出油阀的减压容积

采用等容式出油阀时，减压容积越大，残余压力越低。当减压容积较小时，残余压力较高，有可能产生二次喷射；而当减压容积较大时，虽然可能消除二次喷射，但由于剩余压力降低，有可能产生负压，从而导致高压油管产生气泡。当供油时，压力上升会使气泡"爆炸"，导致油管的穴蚀损坏。所以，在某一特定的喷油系统中，减压容积应有一个最佳值。

出油阀减压容积 V_0 的最佳值与喷射系统结构参数及运转参数有关，其值可按下式估计

$$V_0 = \frac{V(P_p - P_r)}{E + P_r + P_p}(\text{cm}^3) \tag{7-16}$$

$$P_p = P_0\delta - 10$$

式中 V——高压油路中总容积，它包括出油阀腔容积 V_0，高压管中的容积 V_1 和喷油器高压油道内的容积 V_D，cm^3；

P_p——油泵回油时的柱塞腔压力，MPa；

P_r——残余压力，MPa；

E——燃油的弹性模数，MPa；

P_0——喷油器针阀开启压力，MPa；

δ——喷油器针阀承压面积比。

实际的减压容积应比计算值大。

在各种工况下，出油阀减压容积取决于喷油嘴喷孔面积、针阀开启压力、高压油管内径与长度以及喷射率。减压容积过小可能引起二次喷射，减压容积过大将引起怠速不稳定及穴蚀。最佳的减压容积能保证稳定喷射，其值一般由试验决定。

3. 等容式出油阀的流通截面

出油阀偶件应有足够的流通截面积和尽可能小的升程。出油阀偶件最小流通截面积应至少为高压油管流通截面积的 2 倍。出油阀的最大升程应由限止器限制，以保证流通过程的稳定性。出油阀的全升程为

$$h = h_0 + h_1 \tag{7-17}$$

式中 h_0——减压升程；

h_1——有效升程。

出油阀阀座处的流通截面积 f_v 可按下式计算

$$f_v = \pi(h - h_0)\sin\frac{\beta}{2}\left[d_1 + \frac{1}{2}(h - h_0)\sin\beta\right] \tag{7-18}$$

式中 d_1——出油阀直径，mm；

β——座面锥角，(°)。

绝大多数的出油阀 $\beta = 90°$，此时式（7-18）可简化为

$$f_v = \frac{\sqrt{2}}{4}\pi d_1^2\left(1-\frac{\theta}{45°}\right) - ad_1\cos\theta + a^2 \qquad (7-19)$$

式中　a——导向筋宽度，mm；

θ——导向筋宽度所对应的圆心角，(°)。

出油阀的开启压力一般为 0.5～0.8MPa。

出油阀弹簧刚度一般为 6～19N/mm。如果弹簧刚度太小，当柱塞卸油时，通过阀座回流至柱塞腔的油流使出油阀不能立即落座，直到油压急剧下降，有时需待出现负压时才能迅速落座，这将引起阀座冲击应力过大，甚至引起阀颈部断裂。

4. 减压容积可变式的等容出油阀

喷油泵的供油量是柱塞有效升程所对应的排量减去出油阀减压容积的函数。如果出油阀的减压容积随转速增加而加大，则喷油泵的供油特性将趋于平坦或随转速增加而降低，使之与柴油机的冒烟特性趋于一致。

图 7-16 为减压容积可变式出油阀的典型结构之一。在阀柱的导向部分有截面积沿轴向变化的纵向槽。随着柴油机转速升高，出油阀下面的压力及燃油流过通道的速度增加，出油阀的升程也随之增加，因而当出油阀下降时减压作用也越大；反之，如果转速降低，则减压容积变小，使供油量相应地增加。

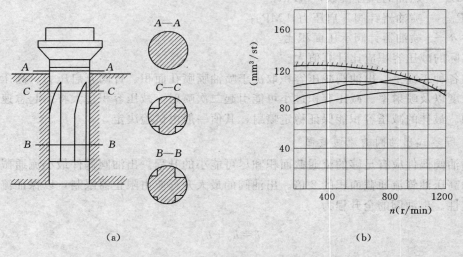

(a)　　　　　　　　　　　　　(b)

图 7-16　减压容积可变式出油阀及其特性

在减压作用可变式等容出油阀上设有特制的小孔或加大减压凸缘配合间隙（削扁），以保证出油阀离开阀座后柱塞腔与出油阀腔以一个很小的（约占出油阀座导向孔截面积的 1%～4%）等截面的通道相连，具体结构如图 7-17 所示。出油阀运动速度和升程随转速升高而增加。高速时小孔或缝隙实际上不起作用，出油阀的作用和标准阀一样。但转速低时，出油阀的升程和上升速度减小，燃油经小孔流入出油阀腔使减压作用减小，致使低转速时高压腔内残余压力增高，供油量增大，可用于校正柴油机的扭矩特性。

等容式出油阀的优点是结构简单，缺点是对变工况适应性差。因此柴油机在高速大负

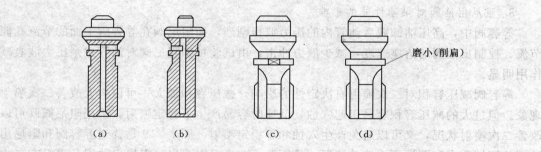

图 7 - 17　减压作用可变式出油阀

荷时，油管压力高，为了防止二次喷射，需要较大的减压容积，但在低速小负荷时，油管压力低，只需要较小的减压容积，因此固定的减压容积很难同时兼顾两方面的要求，若匹配不当，在高速大负荷时，可能会因减压不够产生二次喷射现象，而在低速小负荷时，又常可能因减压过度，产生负压（真空），形成气泡而引起"气穴"现象，从而造成机器运转的不稳，甚至引起零件的穴蚀损坏。

7.3.2.2　阻尼出油阀

1. 阻尼出油阀结构和工作原理

为了克服等容式出油阀的缺点，在等容式出油阀的基础上又研制了一种阻尼阀结构。阻尼阀是等容阀的一个辅助结构，是基于等容阀卸压原理，通过阻尼装置来防止二次喷射和穴蚀。如图 7 - 18 所示，阻尼阀上面有一阀，阀上有一节流孔，柱塞供油时，该阀很容易打开，保证供油，柱塞开始卸油时，阻尼阀先于出油阀关闭，同时小孔节流起阻尼作用，降低出油阀芯上下压差，延缓了出油阀的落座时间，并通过节流孔衰减残余压力波。通过选用合适的阻尼孔直径 d_V，可以兼顾高、低速性能的要求，既防止高速大负荷时的二次喷射，又避免了低速小负荷时喷油不稳定的现象出现。

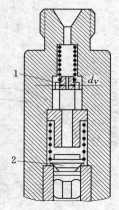

图 7 - 18　阻尼出油阀

2. 合理选用阻尼孔径和出油阀弹簧刚度

通过试验发现阻尼阀的孔径和出油阀弹簧的刚度对消除二次喷射以及喷油规律有着重要的影响。孔径较小时，低速不出现二次喷射。但当转速上升，油量加大到一定程度时，由于压力加大，小孔的节流作用提高，影响出油阀的减压效果，产生二次喷射。孔径较大时，节流作用不明显，不能有效减缓出油阀落座速度，同样会有二次喷射现象。一般情况，阻尼阀的孔径随转速升高、油量加大而适当加大，具体情况可以通过匹配试验来获得最佳值。同时，由于出油阀落座的快慢与泵端压力下降速率相对应，出油阀落座结束后，因嘴端压力波的反射使泵端压力先上升，然后经多次波动而趋于稳定。如果出油阀弹簧刚度和开启压力过大，在柱塞开始卸油时，由于出油阀弹簧作用使出油阀迅速落座，阻尼阀来不及关闭，失去阻尼效果而产生二次喷射。阻尼孔孔径不同时出油阀弹簧刚度对消除二次喷射有很大的影响，出油阀弹簧刚度和开启压力主要是通过影响阻尼出油阀关闭时序而影响阻尼效果。

3. 阻尼出油阀对供油性能的影响

等容阀中，高压油卸载后油管内的压力波很剧烈，而阻尼阀在等容阀上面的节流孔能节流、控制出油阀的落座速度，减少液力冲击，由试验可知阻尼阀对油管残余压力波衰减作用明显。

等容阀减压容积对二次喷射有决定性的影响，减压容积加大，可以大大改善二次喷射现象。但过大的减压容积容易引起穴蚀，低速时容易产生不稳定喷射。采用阻尼阀既可以改善二次喷射状况，又可以避免产生穴蚀和不稳定喷射。图 7-19 是普通等容阀和阻尼出油阀的嘴端压力和泵端压力波动情况，从图 7-19 中可以看出，阻尼出油阀几乎没有二次喷射和不稳定喷射。

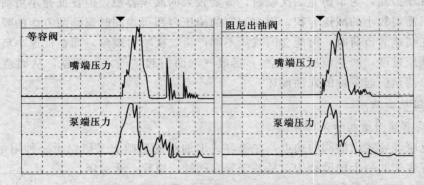

图 7-19 普通等容阀和阻尼出油阀的嘴端和泵端压力波动情况

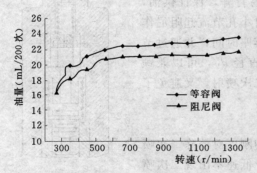

图 7-20 供油速度特性曲线

阻尼阀和等容阀平均供油速度特性有很大差异，如图 7-20 所示。同一齿条位置，油量随转速上升而上升，但阻尼阀油量上升不大。主要是由于随转速上升，阻尼阀的作用使出油阀落座时间延迟，高压油管内残余压力降低，柱塞供油时充填高压油管的油量部分相对增加。因此采用阻尼阀对调速器负校正机构要求相对较高。

阻尼出油阀结构简单、工作可靠性好，而且能够很好地改善喷油泵的供油特性以及柴油机性能。在 Bosch 公司的 PS300、PS7100 等油泵上已经得到广泛运用，同时在国内 AW、PW 等油泵系列中也开始应用，现已得到国内内燃机行业的普遍认可。

7.3.2.3 等压式出油阀

7.3.2.3.1 等压出油阀结构和工作原理

随着柴油机喷油压力的不断提高，等容式出油阀已逐渐不能适应，因此需要采用等压式出油阀，等压卸载阀有球形和锥形等不同形式，其结构如图 7-21 所示，与传统的等容出油阀相比，等压出油阀取消了减压环带，它由两个阀组成，一个出油阀，一个回油阀。等压阀相当于双向阀。它的工作原理是：当柱塞处于凸轮基圆上时，泵体内充满燃油，当柱塞顶部边缘上升到油孔上边缘时，柱塞上部燃油开始压缩，油压急剧上升，高压油克服等压出油阀弹簧压力，出油阀打开，输入燃油。压力降低时，出油阀关闭。当喷油结束，出油阀在关闭状态。此时，喷油器到喷油泵之间高压油管内仍存在很高压力。

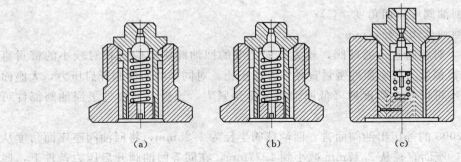

（a）　　　　　　　　（b）　　　　　　　　（c）

图 7-21　等压出油阀

等压出油阀的卸压作用是通过出油阀阀芯内的回油阀来实现的，当柱塞套回油孔打开后，出油阀阀芯落座，切断高低压油腔，此时高、低压油腔的压差大于回油阀的开启压力，回油阀打开，高压腔的油迅速通过回油阀流回低压腔，使高压腔的油压迅速下降，达到卸压的作用。当高、低压油腔压差降到小于回油阀开启压力后，回油阀内钢球落座，切断高低压油腔，从而使高压腔油的压力基本恒定。断油后当高压系统的压力波传到泵端，使压差高于开启压力时，回油阀可再次打开卸压，减弱了压力波的反射。剩余压力大小可通过回油阀弹簧预紧力和刚度进行调节。等压出油阀将高压油管内压力始终控制在一定范围内，使油管内残余压力稳定在一定范围内，减少喷油器二次喷射，减少出油阀偶件穴蚀问题。

7.3.2.3.2　主要结构参数合理设计和选取

等压出油阀的主要参数包括球阀直径、弹簧预紧力、开启压力、回油孔直径，这些参数可通过燃油喷射过程的计算进行最优化设计。

1. 回油阀弹簧预紧力调整

解决等压出油阀回油阀运动零件可靠性最为直接和有效的方法是降低回油弹簧预紧力。在回油阀弹簧材料、中径、钢丝直径、有效圈数等基本结构设计参数确定的条件下，弹簧疲劳强度安全系数主要取决于弹簧装配预紧力 F_1 与最大升程下弹簧受力 F_2 的大小。其中 F_1 可以通过回油阀座座面角度与回油阀开启压力的调整加以优化设计；F_2 由喷油泵全负荷高速工况下解决燃油液力系统二次喷射所需最大回油量决定，可以通过回油阀座座面角度、回油孔直径参数、回油阀升程等参数进行优化，但优化余地有限，有负面作用并且需通过详细试验验证。

由图 7-22 得出，等压出油阀偶件回油阀预紧力计算公式为

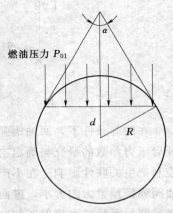

图 7-22　回油阀座座面密封直径及回油阀开启时燃油压力作用示意图

$$F = 0.25\pi d^2 P_{01} = \pi R^2 \cos^2\left(\frac{\alpha}{2}\right) P_{01} \tag{7-20}$$

式中　F——回油阀弹簧预紧力，N；

　　　d——座面处密封直径即座面直径，mm；

　　　α——回油阀座座面角度，(°)；

　　　R——回油球阀半径，mm。

可以看出，对相同直径的球阀，较大座面角度的回油阀座对应着相对较小的密封直径，回油阀弹簧预紧力与座面处密封直径平方成正比。对同样的回油阀开启压力，大座面角度的回油阀座可以较大幅度地降低回油阀弹簧预紧力，这极大地改进了回油阀部件可靠性。

针对 PW2000 的等压出油阀而言，回油球阀半径为 1.25mm，将回油阀座座面角度从 60°改进为 90°，座面直径从 2.17mm 减小到 1.77mm，在同等回油阀开启压力条件下，回油阀弹簧预紧力可以下降 33％。60°与 90°两种不同座面角度回油阀座座面处流通面积随回油阀升程变化的曲线如图 7-23 所示。可以看出，当回油阀升程在 0～0.15mm 内时，两种角度座面回油阀座座面处流通面积差距极小；当回油阀升程在 0.15～0.50mm 之间时，90°座面流通面积明显大于 60°座面，两种角度座面回油阀座座面处流通面积差距随回油阀升程加大而增加。90°座面回油阀座座面处流通特性一方面可以使得喷油泵在低速小负荷工况具有与 60°座面回油阀座较为接近的回油流通能力，有利于低速小负荷工况下喷油泵性能的稳定性；另一方面又可以使喷油泵在高速全负荷工况下具有较大的回油流通能力，有利于强化喷油泵系统二次喷射问题的解决，同时为回油阀升程控制并提高回油阀运动零件的可靠性质量提供了条件。

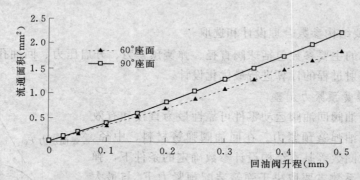

图 7-23　两种座面角度的座面处流通面积变化对比曲线

在同等条件下，回油阀弹簧预紧力与回油阀开启压力参数成正比。等压出油阀回油阀开启压力参数的研究与确定主要是为了解决燃油喷射系统二次喷射问题，同时对残余压力控制产生关联性影响。在不产生二次喷射的情况下，适当降低回油阀开启压力可以缓解回油阀弹簧预紧力的大小，进而可以改进等压出油阀偶件的可靠性。由于机械直列式喷油泵燃油喷射系统二次喷射还与针阀开启压力、系统高压容积、标定转速、标定油量等参数有关，故调整回油阀开启压力参数时，需针对具体燃油喷射系统对关键工况点进行试验验证。实践证明，不少特定的燃油喷射系统回油阀开启压力还是有一定的调节余地，对改进回油阀运动零件系统的可靠性有一定效果，同时试验检测方法也较为直观、可行。

2. 回油阀升程控制

在不影响性能即不产生二次喷射的条件下，适当对回油阀升程进行设计控制，一方面通过限制最大升程来减小回油阀的开启幅度；另一方面由于回油阀最大升程有所减小，在回油阀开启极限下，座面位置流通面积较为一致并且不随燃油压力波动而改变，回油阀在极限升程下停留时间有所增加，回油阀在较大升程下的开闭次数与开闭幅度大大减少，进而有利于降低回油阀弹簧疲劳强度要求并提高可靠性。回油阀升程控制对等压出油阀产品设计、零件制造质量、部件装配及其性能检测要求等均提出了相当高的要求。值得一提的是，回油阀升程控制在具体系统中对二次喷射的影响程度必须通过试验检测加以确认，而在等压出油阀回油阀升程控制与回油阀座面角度调整相结合的条件下，可以取得较为满意的效果。

3. 回油孔优化与控制

回油阀座上的回油孔在等压出油阀回油流通环节中处于较为重要的地位，一方面回油孔流通面积是等压出油阀回油工作能力的一个重要体现，决定着喷油泵全负荷高速工作工况下等压出油阀回油流通环节最大流通能力，对等压出油阀偶件最终能否解决二次喷射问题有着重大的影响；另一方面回油孔流通面积又对回油阀开启幅度、开闭时间、响应特性、回油量、残余压力及其稳定性等产生影响。

回油孔较为有效的控制方法可分为回油孔直径系列化设计、喷孔液力研磨与高压流量控制，其中回油孔直径系列化用于产品系列化设计，高压流量检测为性能一致性与产品质量控制手段，回油孔液力研磨为满足和实现流量规范要求的特定工艺加工方法，同时有利于回油阀座零件毛刺的去除。

采用等压出油阀对选取柱塞直径、高压油管直径及长度、喷孔有效截面等都有较大的余地。特别是对高速柴油机，为了避免二次喷射而需要过大的减压容积时，可在同样的柱塞直径条件下，能实现较大的供油量，并能有效地控制剩余压力。因此，允许适当降低喷油嘴针阀的开启压力，以降低喷油泵的传动率。

等压出油阀目前存在的问题是制造成本较高，调试也比较困难，但随着技术的进步，今后的应用范围会越来越广。

7.3.2.4 其他形式的出油阀偶件

1. 密封座面下置式出油阀

密封座面上置式出油阀在现代柴油机中，特别在中、小型柴油机上应用极广。但在大功率柴油机上由于出油阀落座速度高，冲击力大，容易在阀座下面产生断裂，虽然可采用较大直径的出油阀在保证一定的流通截面积前提下减小出油阀升程来解决，但采用密封座面下置式出油阀（图7-24）也是一个较好的方案。

密封座面下置式出油阀在落座过程中，当减压凸缘进入导向孔后，有与减压容积相当的一部分燃油聚集在减压凸缘下面，需经座面下的孔排出，孔的节流作用减缓了出油阀的撞击速度和冲击力。当出油阀完全关闭时，柱塞腔燃油压力只作用在密封锥面的平均直径所决定的面积上，这种结构提高了出油阀的开启压力和开启速度。它的工作原理是：当柱塞开始供油后，出油阀从座面升起，直到出油阀的控制棱边打开阀座上的侧向孔时，燃油

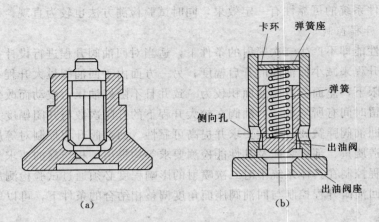

图 7-24　密封座面下置式出油阀

才开始进入高压油管。当供油停止后，出油阀开始下降，待阀的控制棱边完全封闭住侧向孔时，回油通路被切断，出油阀的减压作用开始，直到落座为止，减压作用结束，减压升程为 h_0。

这种出油阀有许多特点，如出油阀整个组件很容易更换；出油阀的导向圆柱面是封闭的，因此，导向面不易磨损；在出油阀减压行程中，由于燃油的节流有缓冲作用，落座时不会发生强烈冲击，因而磨损小，寿命长；同时，这种出油阀能适应于高峰值压力，而且还有将出油阀压力腔容积减至最小的优点。

2. 缓冲式出油阀

缓冲式出油阀（图 7-25）能控制出油阀的落座速度，需要时还可产生预喷射。

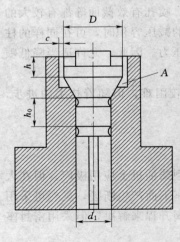

图 7-25　缓冲式出油阀

d_1—出油阀直径；D—节流直径；
c—节流间隙；h—节流行程；
h_0—卸压行程；A—缓冲室

当出油阀从阀座上升起时，因为节流行程 h 较减压行程 h_0 稍小，所以节流环（直径 D）恰好在减压环带导向孔之前离开缓冲室 A，而在出油阀落座时，节流环（直径 D）是在减压环带进入导向孔之后进入缓冲室的。这样，可使减压环带起到正常的减压作用，但出油阀的落座速度却取决于缓冲室中积存的燃油排出速度。即取决于节流间隙 c、出油阀弹簧的刚度、出油阀上下的压力差。通过对上述影响参数的适当配合，便可以获得出油阀落座的最佳速度。出油阀落座速度的控制可使高压油管中的压力波大大减轻，因此就可消除二次喷射。适当地减小节流间隙 c 可以实现预喷射，预喷射可以使燃烧过程缓和。此时节流直径与缓冲室相当于柱塞偶件，当出油阀开始升起时，由于 D 比 d_1 大，使高压腔中燃油压力迅速上升，喷油嘴的针阀便立即开启，而且喷油速率也较高。当节流环（直径 D）移出缓冲室之后，高压腔中有部分燃油流回缓冲室，从而引起高压油管中的压力下降，使针阀关闭，预喷射停止。当减压环带移出导向孔后，开始正常的供油和主喷射。

缓冲式出油阀在高增压柴油机上获得了良好的效果，但它会使实际的喷射延续角增加 3°～4°曲轴转角。

3. 节流式出油阀

节流式出油阀如图 7-26 所示。其特点是柱塞腔供入出油阀腔的燃油均需流经阀中的径向孔。当转速高时，柱塞腔燃油压力因节流作用而升高，循环供油量减少；转速降低时，使供油量增加，从而改善了速度特性。节流式出油阀一般装有升程限制器。

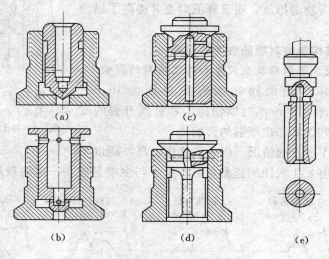

图 7-26 节流式出油阀

4. 无减压凸缘的出油阀

这种出油阀没有减压凸缘，只起单向止回阀的作用，一般应用在高压油管很短的喷射系统中，其出油阀升程只有 1.5～2mm，其结构型式如图 7-27 所示。其中图 7-27（a）所示的出油阀用于 PA6 柴油机喷油泵内，没有减压凸缘，阀座为锥面密封，其他结构和减压式出油阀相同。图 7-27（b）所示的出油阀为下部锥面密封的出油阀，燃油通过进油孔进入高压油管。图 7-27（c）为球面密封的出油阀，用在 42—160 柴油机上。

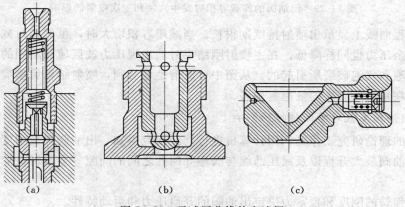

图 7-27 无减压凸缘的出油阀

5. 片状出油阀

片状出油阀（图 7 - 28）结构简单，并明显地减少了高压容积。其高压油管可直接与出油阀座连接。试验证明，装用这种出油阀，可有效地防止二次喷射，同时提高了部分负荷和空载时柴油机各缸工作的均匀性。在额定负荷时，由于消除二次喷射，明显地减少了 CO 和 CH 含量，低速和低负载时可大大降低有害物的排放，明显降低烟度并提高了燃油经济性。

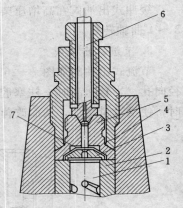

图 7 - 28　片状出油阀
1—柱塞；2—柱塞套；3—片状阀；4—阀孔；5—阀体；6—高压油管；7—节流孔

7.3.3　出油阀的结构参数对喷油性能的影响

7.3.3.1　出油阀减压容积对发生穴蚀和二次喷射的影响

图 7 - 29 所示为出油阀卸载容积分别为 $0mm^3$、$150mm^3$、$300mm^3$ 和 $450mm^3$ 时喷油压力和针阀升程的变化情况，以及发生穴蚀和二次喷射的影响。

图 7 - 29 中为 $V_s = 0$ 的情况，因为残余压力高，所以未发生负压，因而没有发生穴蚀的迹象，但产生了与主喷射连在一起的较严重的二次喷射，

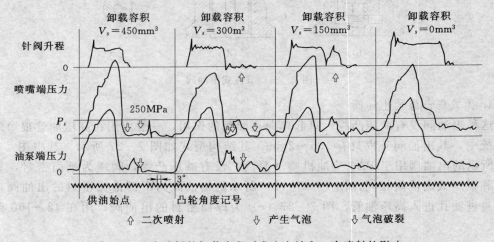

图 7 - 29　出油阀的卸载容积对发生穴蚀和二次喷射的影响

故在针阀升程曲线上显示出喷射持续期很长。当减压容积增大时，虽然相对减少了二次喷射量，但残余压力也同样降低。在主喷射刚结束时就出现压力波区域和剧烈的脉动，这是由于产生气泡和气泡破裂所引起的。从图中可以清楚地看到，喷射结束后喷嘴的压力下降速度比油泵端快，所产生的气泡量也多。

7.3.3.2　出油阀参数对喷油特性的影响

出油阀的理论研究工作可利用计算机进行。经研究得知，出油阀弹簧刚度、减压行程的大小、出油阀最大升程以及减压凸缘与阀座导向孔之间的间隙等参数对供油过程有最重要的影响。

出油阀弹簧的刚度和预紧力决定出油阀的开启压力和运动特性。

图 7-30 所示为出油阀弹簧刚度对出油阀最大升程 h_{max}、喷油延续角 φ_e 和循环供油量 Q_g 的影响。由图 7-31 可见，出油阀用刚度小的弹簧时，喷油泵转速增加时出油阀的最大升程比用刚度大的弹簧增加得多。当采用不同刚度的弹簧时，在改变出油阀升程的同时，还大大改变了初始残余压力 p_0 以及它与转速的关系。弹簧刚度减小使初始压力的最大值向低转速方向移动。初始压力 p_0 对循环供油量 Q_g 有明显影响。当弹簧刚度减小时，供油量的最大值向低转速方向移动。因此，有时可用改变出油阀弹簧刚度的方法修正速度特性，但这些必须预先检查该参数对比油耗的影响，因为出油阀弹簧刚度减小时，会使喷油延续时间增加。

图 7-31 表示在同一试验中出油阀弹簧刚度变化时，高压油管内燃油压力和出油阀升程的变化情况。

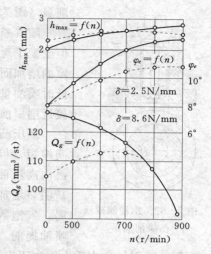

图 7-30 出油阀弹簧刚度对 h_{max}、φ_e 和 Q_g 的影响

弹簧刚度低时，由于节流较大和出油阀急速关闭，使高压系统内残余燃油的压力继续振荡。如将弹簧刚度加大，随压力下降出油阀亦开始落座，但到完全落座所需时间约增加一倍，落座速度约减小一半左右。这是由于用刚度低的弹簧时，高速油流妨碍阀的落座，致使压力急降甚至到负压时造成出油阀急剧关闭、撞击

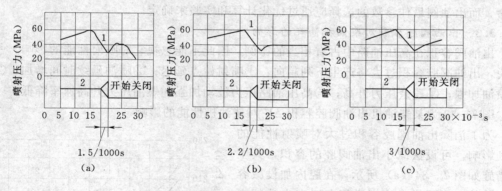

图 7-31 出油阀弹簧刚度与其落座运动
(a) 弹簧刚度 3.2N/mm；(b) 弹簧刚度 8.6N/mm；(c) 弹簧刚度 14.6N/mm
1—出油阀端燃油压力；2—出油阀升程

阀座。较高的弹簧刚度在克服油流的动能过程中使阀的落座速度降低，冲击也得以缓和。

装有升程限制的出油阀，经证明，限制阀的升程明显地影响柱塞腔和出油阀腔的压力，影响到出油阀流通截面处燃料的节流以及燃油的初始压力。而初始压力在很大程度上决定了喷射速度和喷射持续时间以及循环供油量。

改变出油阀行程限制值的大小可明显地修正供油速度特性，特别是小供油量和低转速工况时。

当喷油泵齿杆位置不变时，改变减压凸缘与出油阀座导向孔之间的间隙，即减压凸缘

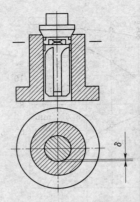

图 7-32　出油阀减压凸缘削扁量

削扁（图 7-32），将大大地改变出油阀的运动特性。

随着减压凸缘间隙的增加，出油阀运动的持续时间变化不大，但改变了运动特性，同时出油阀升起的高度和速度随减压凸缘间隙的增加而显著减小。由图 7-32 知，减压凸缘削扁后，转速降低时喷油量急剧增加，且随转速的升高喷油量随之下降，有逐步接近削扁前并保持不变的趋势。

减压凸缘削扁后：①出油阀升程变小，出油阀开启持续时间缩短，但由于出油阀削扁后，在减压凸缘还没露出阀座时就已向高压油路中供油及出油阀处流动通道尺寸的增大，使喷油量明显增加；②泵端及嘴端压力波振幅明显增大，高频振荡减弱，气泡数量减少；③因气泡减少，音速增大，针阀抬起较早，喷油提前。

因为喷射特性本质上取决于出油阀升程，所以，减压凸缘的间隙也影响到喷射过程。试验证明，当减压凸缘间隙增加到 0.10～0.15mm 以上时，喷射特性发生变化；喷射持续时间增长，出现二次喷射。

综上所述，出油阀是燃油喷射装置中一对重要偶件，它的结构参数确定了燃油在管路中压力开始上升的时间，影响到供油量，并决定了残余压力。出油阀结构参数与喷油泵和喷油器等参数的良好匹配可在很大程度上促进并保证柴油机工作的经济性，提高它的使用寿命。而出油阀最佳参数的选择应通过优化计算和实验来确定。

7.3.3.3　出油阀腔容积对柴油机油耗的影响

出油阀容积在高压油路中占有相当的比例，因此不能忽视它对喷射性能的影响。一般地说，出油阀腔容积过大将产生下列趋向：①喷射始点延迟；②喷油延续时间增加；③后续喷油加强；④残余压力升高；⑤高压油路压力波动加强和燃油压力升高速率降低。

图 7-33 为某柴油机出油阀腔容积 ΔV 对柴油机性能的影响。

为了消除出油阀腔容积过大对喷射性能的不利影响，可设法减小出油阀腔的容积，其主要措施如图 7-34（a）所示，在腔内加设减容器。此外，也可将出油阀弹簧布置在出油阀内［图 7-34（b）］。

通过减小出油阀腔容积，使高压腔容积减小，可以减少或消除喷油泵的异常喷射及穴蚀等不良现象，从而完善喷油泵性能，同时满足柴油机性能的要求。当然，也存在一些不足，需不断改进以获得优良的性能。

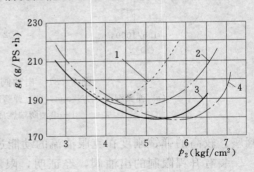

图 7-33　出油阀腔容积 ΔV 对柴油机性能的影响

1—ΔV=3.88(cc)；2—ΔV=2.9(cc)；
3—ΔV=1.9(cc)；4—ΔV=0.95(cc)

【例 3】　等容式密封座上置式与密封座下置式出油阀对比。

（1）等容式密封座上置式出油阀的结构参数如下。

出油阀的直径：按照推荐，柱塞直径为 22mm 的油泵，其出油阀直径选择 14mm。出

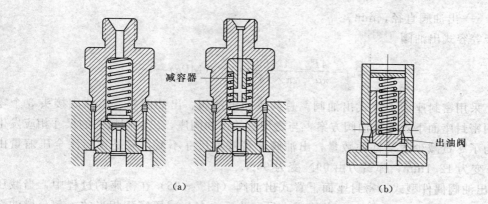

图 7-34 减少出油阀腔容积措施

油阀的总升程为 5mm。出油阀的卸载升程为 3.25mm。

1）减压容积。高压油腔内减压容积

$$V_0 = \frac{\pi}{4} d_1^2 h_0 = \frac{\pi}{4} \times 14^2 \times 3.25 = 500 (\text{mm}^3)$$

2）出油阀座面流通截面积

$$f_1 = \pi (h - h_0) \sin \frac{\beta}{2} \left[d_1 + \frac{1}{2} (h - h_0) \sin\beta \right]$$

$$= \pi \times (5 - 3.25) \times \sin 45° \times (14 + 0.5 \times 1.75)$$

$$= 57.8 (\text{mm}^2)$$

式中 h——出油阀最大升程 5mm；

h_0——出油阀卸载升程为 3.25mm；

β——出油阀座面角度 90°；

d_1——出油阀直径 14mm。

3）出油阀圆环处流通面积。

$$f_2 = \frac{\pi}{4} \times (d^2 - d_2^2) = \frac{\pi}{4} \times (14^2 - 11^2) = 58.9 (\text{mm}^2)$$

4）出油阀十字槽处流通面积。

$$f_3 = \frac{\pi}{4} d^2 - [bd + b(d - b)] = \frac{\pi}{4} \times 14^2 - [3 \times 14 + 3 \times (14 - 3)] = 78.9 (\text{mm}^2)$$

5）出油阀高压油管流通截面。

$$F_T = \frac{\pi}{4} d^2 = 0.785 \times 4^2 = 12.56 (\text{mm}^2)$$

6）出油阀座面流通面积与高压油管流通截面的比值。

$$\frac{f_1}{F_T} = \frac{57.8}{12.56} = 4.6$$

7）出油阀的关闭压力。

$$P_0 = \frac{4F}{\pi d^2}$$

式中 F——弹簧预紧力为 60N；

d——出油阀直径，mm。

对于等容式出油阀

$$P_{01} = \frac{4F}{\pi d^2} = \frac{4 \times 60}{\pi \times 14^2} = 0.38(\text{MPa})$$

（2）采用密封座面下置式出油阀。总共改动出油阀、出油阀座、出油阀接头 3 个零件。采用密封座面下置式出油阀方案，与之配套的出油阀座、出油阀接头的尺寸相应发生变化。为了尽量减少改动件的数量，出油阀弹簧基本尺寸不变，只是在标注全压缩量由12.6mm 变为 12.1mm，弹簧力由 99N 变为 95N。

1）出油阀偶件型式。密封座面下置式出油阀（图 7-35）在落座的过程中，当减压凸缘进入导向孔后，有与减压容积相当的一部分燃油聚在减压凸缘下面，需经座面下的孔排出，孔的节流作用减缓了出油阀的撞击速度和冲击力。当出油阀完全关闭时，柱塞腔燃油压力只作用在密封锥面的平均直径所决定的面积上，这种结构提高了出油阀的开启压力和开启速度。这种出油阀有许多优点，如出油阀整个组件很容易更换，出油阀的导向圆柱面是封闭的，因此，导向面不易磨损。在出油阀减压行程过程中，由于燃油的节流有缓冲作用，落座时不会发生强烈冲击，因而磨损小。

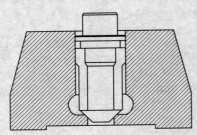

图 7-35 密封座面下置式出油阀结构

2）出油阀直径、升程、卸载容积的确定。按照推荐，对于柱塞直径为 22mm 的油泵，并且考虑到与原系统具有互换性，出油阀直径选择 14mm。出油阀总升程由原先的5mm 改变为 4.5mm，提高系统的可靠性，卸载升程选择 3mm，则有效行程为 1.5mm，其值在 1.4～4mm 之间，属于合理范畴。

卸载容积

$$V = \frac{\pi}{4} \times 14^2 \times 3 = 460(\text{mm}^3)$$

3）出油阀流通截面积的计算。

$$f_1 = \pi(h - h_0)\sin\frac{\beta}{2}\left[d_1 + \frac{1}{2}(h - h_0)\sin\beta\right]$$
$$= \pi \times (4.5 - 3) \times \sin45° \times [7.5 + 0.5 \times (4.5 - 3)]$$
$$= 27.5(\text{mm}^2)$$

式中　h——出油阀最大升程 4.5mm；

h_0——出油阀卸载升程为 3mm；

β——出油阀座面角度 90°；

d_1——出油阀密封座面下部直径 7.5mm。

4）出油阀圆环处流通面积。

$$f_2 = \frac{\pi}{4} \times (d^2 - d_2^2) = \frac{\pi}{4} \times (14^2 - 11^2) = 58.9(\text{mm}^2)$$

5）出油阀八边形槽处流通面积。

$$f_3 = \pi r^2 - 4 \times S_{缺} = \pi \times 7^2 - 4 \times \left(\frac{62}{360} \times \pi \times 7^2 - \frac{1}{2} \times 7^2 \times \sin 62° \right) = 134.4 (\text{mm}^2)$$

6）出油阀高压油管流通截面。

$$F_T = \frac{\pi}{4} d^2 = 0.785 \times 14^2 = 12.56 \ (\text{mm}^2)$$

7）出油阀座面流通面积与高压油管流通截面的比值。

$\frac{f_1}{F_T} = \frac{27.5}{12.56} = 2.19$，此值应该大于2，符合要求。

8）出油阀的关闭压力。对于密封座面下置座面式出油阀

$$P_{02} = \frac{4F}{\pi d_1^2} = \frac{4 \times 60}{\pi \times 7.5^2} = 1.35 (\text{MPa})$$

式中　F——弹簧预紧力为60N；

　　　d_1——出油阀密封座面直径7.5mm。

表7-1是密封座面下置式出油阀与上置座面等容式出油阀参数对比。

表7-1　　　　　　　密封座面下置式与密封座面上置式出油阀设计参数

名称	原出油阀	改进后出油阀
出油阀型式	密封座面上置式	密封座面下置式
出油阀阀直径×升程（mm）	14×5	14×4.5
座面角度（°）	90	90
卸载容积（mm³）	500	460
出油阀流通截面积（mm²）	57.8	27.5
高压油管流通截面积（mm²）	12.56	12.56
开启压力（MPa）	0.38	1.35

7.4 喷　油　器

7.4.1 喷油器的功用、基本要求和分类

7.4.1.1 喷油器的功用

喷油器安装在气缸盖上，其作用是将高压燃油雾化成容易着火和燃烧的喷雾，并使喷雾和燃烧室大小、形状相配合，分散到燃烧室各处，和空气充分混合。喷油器除了影响燃油的雾化质量、贯穿度及分布等喷雾特性外，还对喷油压力、喷油始点、喷油延续时间和喷油率特性有重大影响。所以，喷油器对柴油机的性能起着决定性的作用。

7.4.1.2 喷油器结构

由于各种柴油机的气缸盖结构、燃烧室结构和燃烧方式差别较大，喷油器也就有多种结构型式，按不同特性可作如下分类。

按喷油嘴的类型分为开式喷油器和闭式喷油器。

按喷油器在气缸盖上安装方式分以下两种。

（1）插入式。按压紧方式又有法兰式和压板式两种。

（2）螺纹拧入式。又分用螺套拧紧和喷油嘴紧帽外的螺纹拧紧两种。

按调压弹簧的布置分为调压弹簧上置式挺杆结构和调压弹簧下置式即低惯性结构两种。

按喷油嘴冷却方式分为非冷却和强制冷却式。

1. 普通喷油器的典型结构

现在柴油机绝大多数都采用闭式喷油嘴。用弹簧调节针阀开启压力的喷油器，其典型结构以 12V—180 机上的闭式喷油器为例，如图 7-36 所示。喷油嘴螺帽压紧在喷油器体上。为了保证密封，针阀体和喷油器体的接合面应仔细研磨。调压弹簧的张紧力经挺杆作用于针阀上，使针阀和针阀体密封，阀开启压力由调压螺钉调节。高压燃油经高压油管接头和喷油器体内油道进入喷油嘴蓄压腔，当压力达到针阀开启压力时，针阀克服弹簧力开启，燃油经喷孔喷入燃烧室，针阀升程由限位块或喷油器体下端面限制。经针阀偶件颈部间隙泄漏的燃油由回油管流回油箱。喷油嘴腔压力下降后针阀落座，喷油结束。

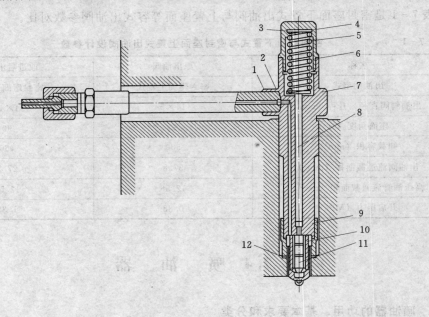

图 7-36　喷油器

1—进油管接头；2—垫圈；3—调节垫圈；4—螺盖；5—弹簧；6—垫圈；7—喷油器体；
8—挺杆；9—螺帽；10—针阀体；11—针阀；12—垫圈

如需保证油束方向和燃烧室配合，喷油嘴和喷油器体以及喷油器体和气缸盖之间应精确定位，喷油嘴和喷油器体之间一般用两只圆柱销定位。

喷嘴头上有 8 个直径为 0.3mm 的喷孔，均匀分布，喷射锥角为 140°，该喷油器针阀开启压力为 20MPa，此压力若有偏差时，可用更换调节垫圈的方法校正。垫圈厚度每增加 0.1mm，喷油压力则增加 0.4MPa。

2. 低惯性喷油器

低惯性喷油器的结构特点是调压弹簧靠近喷油嘴，取消了挺杆，针阀的运动质量和惯性小，可减轻针阀对座面的撞击和挺杆的跳跃。针阀运动对油压变化反应灵敏，特别是使喷射结束时针阀的关闭性能得到了改善，对防止针阀座面穴蚀，避免燃气倒流造成油嘴结胶、卡死，以及改善由于针阀反应不灵可能造成的后期喷射等不良现象都有明显效果。

在低惯性喷油器中调压弹簧的工作条件和负荷情况也可改善。因为弹簧可以浸入柴油中，所以运动件质量小，针阀运动速度和超越升程在弹簧中引起的附加应力小。但是，由于喷油器体内空间有限，位置又接近热区，因而对弹簧的质量要求较高。

图 7-37 为 D234 柴油机用的一种低惯性喷油器。这类喷油器大多用于高速大功率柴油机上。在喷油器体上装有缝隙式滤清器，一进一出滤清燃油，防止喷孔堵死或针阀悬空。这种滤清器的滤芯和其壳体之间一般有 0.02～0.03mm 的间隙。

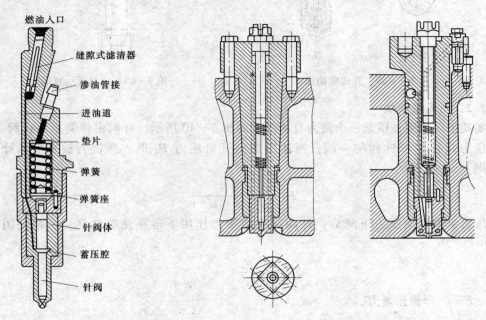

燃油入口
缝隙式滤清器
渗油管接
进油道
垫片
弹簧
弹簧座
针阀体
蓄压腔
针阀

图 7-37　低惯性喷油器　　　　图 7-38　PC2—5 型柴油机喷油器

3. 强制冷却式喷油器

强制冷却式喷油器中有冷却液回路，依靠附加冷却液强制冷却喷油嘴。由于它的结构和制造复杂，成本较高，使用维护也不方便，一般小型柴油机很少采用。

在大中型柴油机中冷却液可以用水、燃油或机油。其中以用水冷者较多，燃油次之。因为冷却水集中于水箱中，所以当燃油或燃气窜入时容易被发现。使用燃油作冷却液时可使结构简化，但故障不易发现。

图 7-38 为 PC2—5 型柴油机所采用的钻孔式冷却喷嘴，也属于短针阀低惯性喷油器。针阀直径为 10mm，升程为 0.8mm，启喷压力为 24MPa。

7.4.2　喷油嘴

7.4.2.1　开式喷油嘴

开式喷油嘴如图 7-39 所示，其中图 7-39（a）所示是最简单的一种，它的喷油孔和高压油管直接相通，中间无阻隔机构，当喷油嘴腔油压超过气缸压力时燃油经喷孔进入燃烧室。这种油嘴的缺点是喷射开始和结束以及低转速小油量时燃油雾化不良，断油不干脆、易滴漏，并易产生燃气倒流，造成喷孔积炭、堵塞以致烧坏，采用较小的喷孔和较高的喷油速率可以减弱甚至消除上述缺点，现在已很少采用。

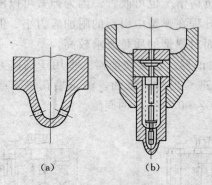

（a）　　　　　　　（b）

图 7 - 39　开式喷油嘴

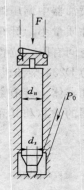

图 7 - 40　自动阀示意图

7.4.2.2　闭式喷油嘴

实质上闭式喷油嘴是一个液力自动阀，如图 7 - 40 所示。针阀由弹簧紧压在阀座上，燃油压力只作用于针阀的一端。当油压达到开启压力 P_0 时，弹簧力被克服，针阀升起。则

$$P_0 = \frac{4F}{\pi(d_n{}^2 - d_s{}^2)}$$

压力室中燃油压力下降后，针阀又在弹簧力作用下落座使喷油终止。则关闭压力 P_s 为

$$P_s = \frac{4F}{\pi d_n{}^2}$$

式中　F——弹簧预紧力。

闭式喷油嘴针阀的开启与关闭由燃油压力控制，针阀一旦开启，承压面积增加 $\frac{\pi}{4}d_s{}^2$，因而使针阀的升速加快。

实际上由于摩擦和惯性，针阀开启压力约为上式中 P_0 的 1.5 倍左右，关闭压力也小于上式中的 P_s。

闭式喷油嘴可保证针阀在一定的压力下开启，雾化质量好，针阀关闭迅速，不易滴漏和燃气倒流。

1. 孔式喷油嘴

孔式喷油嘴有单孔和多孔。孔数、孔径、孔长及其布置、压力室直径和长度等应根据发动机燃烧室结构和混合气形成过程的要求决定。

单孔喷油嘴一般用于具有强涡流的燃烧室。多孔喷油嘴用于直接喷射式柴油机，常用 2～7 孔，一般不超过 10 孔。

喷孔直径范围为 0.15～1.0mm，但 0.2mm 以下加工困难，容易堵塞，很少用。喷孔

长径比一般为 3～6，当长径比小于 5 时，喷孔流量系数为 0.6～0.7，喷孔进油侧倒角时流量系数可增至 0.8～0.9，而孔式喷油嘴除单孔外都不倒角，该系数随长径比增加而减少。

孔式喷油嘴的主要问题之一是喷孔结炭。因此喷油嘴工作温度应尽量低于燃油的裂解温度，一般控制在 220℃ 以下。孔式喷油嘴有标准型和长型之分。而以长型用得较多。其特点是，针阀导向面上移，减少了受热面积，且较细的阀杆具有弹性，使针阀不易卡死，座面密封性也较好。为了控制喷油嘴的工作温度，必要时可采用强制冷却。

2. 轴针式和节流式喷油嘴

轴针式和节流式喷油嘴的结构特点是针阀下端的轴针插入喷孔内形成环状喷射截面。针阀开启，油束成空心锥体状从环形间隙中喷出，最大喷雾角可达 90°环状流通截面积和喷射速率都随针阀升程而变，其头部结构如图 7-41 所示。

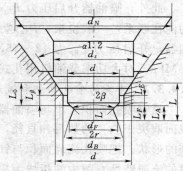

轴针式喷油嘴中喷孔直径为 1～3mm，节流间隙 0.02mm，轴针头部锥角 2β 为 $-10°～60°$，流量系数在节流段约为 0.26，针阀最大升程时可达 0.70，一般为 0.4～0.5。

节流式喷油嘴与轴针式结构相似，只是节流升程和针阀总升程较大。在整个喷油延续时间内，节流式喷油嘴可将喷射过程分成预喷射和主喷射两部分，而轴针式喷油嘴则将燃油较均匀地喷出，没有这种阶段性喷射。这两种喷油嘴广泛地应用于预燃室、涡流室和复合式燃

图 7-41 轴针式喷油嘴头部

烧室柴油机。针阀开启与关闭压力的关系与孔式喷油嘴相似，只是轴针末端承受燃烧室的气体压力。在大气中喷射时

$$p_s = p_0 \frac{d_1^2 - d_s^2}{d_1^2 - d_z^2}$$

轴针式喷油嘴开启压力一般为 100～145kgf/cm²。此类喷油嘴的主要优点是喷孔较大，易于加工，不易积炭，广泛地用于中、小功率柴油机。

3. 平板式喷油嘴

平板式喷油嘴针阀座面为平面密封，喷孔特制在平板上，如图 7-42 所示。其优点是制造方便，喷孔部分损坏后可以单独更换。喷雾扩散角与喷孔长径比有关，采用较小的 l/d_0 之值可以得到 40°～50° 的扩散角。若将喷孔做成锥形，扩散角可以更大些。这种型式喷油嘴应用于 4146 柴油机上。

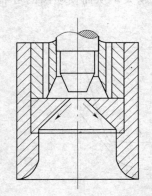

图 7-42 平板式喷油嘴

7.4.3 喷油器参数的选择和计算

7.4.3.1 喷油器的开启压力 P_{0p}

由图 7-38 知，喷油器针阀由调压弹簧紧压在针阀体座面上，压紧力 F 由预紧力和弹簧刚度决定，燃油压力作用于针阀在盛油槽内的承压锥面上，当油压达到开启压力 P_{0p} 时，针阀上升而开启，喷油器开启压力的计算公式为

$$P_{0p} = \frac{4F}{\pi(d_n^2 - d_s^2)}$$

式中　d_n——针阀直径；

　　　d_s——针阀座面密封直径。

当喷油接近结束时，盛油槽内油压下降，阀又在弹簧压紧力的作用下下行，针阀落座并停止喷油，此时的油压称之为喷油器的关闭压力 P_s。

$$P_s = \frac{4F}{\pi d_n^2}$$

可见 P_{0p} 大于 P_s，关闭压力越接近开启压力，则喷雾质量越好，断油也更干脆，这正是低惯量 P 型喷油器的优点（因为它的密封座面直径相对较小）。

此外，喷油器开启压力 P_{0p} 与喷油峰值压力 p_{jmax} 不同，不应混淆。但它们之间有一定的内在联系，一般说来，P_{0p} 越大，p_{jmax} 也越高，后者一般是 P_{0p} 的 2～4 倍。对轴针式喷油器，开启压力 P_{0p} 为 12～15MPa，对中、小功率柴油机用孔式喷油器，P_{0p} 值为 18～25MPa，对大功率柴油机用孔式喷油器，P_{0p} 可以达到 30MPa，甚至更高。

7.4.3.2　喷嘴的喷孔面积和流通特性

喷嘴喷孔面积大小与喷油器针阀升程以及喷嘴的结构形式有关。孔式喷嘴的最大喷孔截面取决于喷孔的数目和直径，而轴针式喷嘴最大喷孔截面取决于针阀最大升程和喷嘴头部的形状。把喷孔流通面积与针阀升程的关系，称为喷嘴的流通特性。图 7-43 是不同喷嘴的流通特性，图中的折线为根据喷嘴的几何尺寸计算的几何流通特性（A），曲线为实验给出的流通特性（μA），两者的比值是喷嘴的流量系数 μ，它与密封锥面结构、喷孔加工质量等有关。一般孔式喷嘴的针阀升程为 0.2～0.45mm，而轴针式喷嘴为 0.4～1.0mm，在满足喷嘴流通截面的前提下，应尽可能减少针阀升程。这是因为针阀升程越大，运动件在惯性力的作用下对针阀体密封座面产生的冲击力也越大，从而使喷嘴的可靠性与寿命降低。

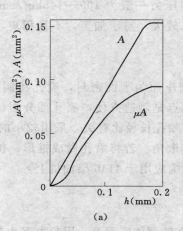

(a)

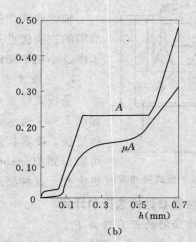

(b)

图 7-43　喷嘴流通特性

(a) 孔式喷嘴；(b) 轴针式喷嘴

喷孔流通截面大小取决于喷油压力、供油速率和柴油机结构形式。图 7-44 所示为直喷式柴油机喷孔总面积与几何供油速率的关系。喷孔面积过大，会导致喷油压力与喷油速率降低，喷油持续期缩短，喷油雾化质量变差；但喷孔面积过小，则喷油压力过高且易产生不正常喷射。通常，可用下式校验最大喷孔面积 A_c（mm^2）的大小

$$A_c = \frac{6nV_b \times 10^{-3}}{\mu \omega_j \Delta \phi_j} \qquad (7-21)$$

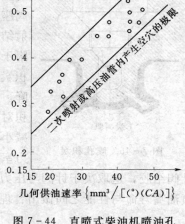

图 7-44 直喷式柴油机喷油孔总面积与几何供油速率的关系

式中 V_b——循环喷油量，mm^3/循环；

      μ——喷油器的流量系数，对于一般喷嘴，$\mu = 0.6 \sim$ 0.7；对液力研磨的喷嘴 μ 可在 0.7 ~0.85；

      $\Delta \phi_j$——按曲轴转角计的喷油持续角 [（°）（CA）]，直喷柴油机一般 20°~25°（CA），涡流室柴油机为 25°~30°（CA）；

      n——柴油机转速，r/min；

      ω_j——喷孔处喷油平均流速，一般为 200~300m/s。

A_c 确定后，孔式喷嘴喷孔直径可以按下式计算

$$d_z = \sqrt{\frac{4A_c}{\pi i}}$$

式中 i——喷孔数。

轴针式喷嘴的流通截面即轴针与喷孔之间的环形截面积取决于轴针的尺寸、形状以及与喷孔之间的配合，前已说明它的初始值很小，中间部分主要受轴针形状的控制，最大值受喷孔面积（直径为 0.5~1.2mm）限制，其几何流通截面变化规律可用分段计算来确定。

7.4.3.3   喷雾锥角及喷油油束在燃烧室中的分布

轴针式喷油器的油束与喷油器同一轴线，喷雾锥角由喷嘴头部形状决定，轴针直径、喷孔直径、喷孔与轴针的导向长度和轴针头部形状都影响喷雾锥角。孔式喷油器有多个油束，它们在燃烧室中分布对燃烧室中空气的利用有重要的影响。对柴油机燃烧室而言，燃油沿气缸轴线方向在活塞顶上方的落点应在同一高度，各油束的轴线形成一个锥面，它的锥角一般在 140°~160°，应做到使该油束锥面下部包含的燃烧室容积与上部到缸盖底面包含的容积基本相同，以充分利用缸内的空气。这个锥角还与喷嘴伸出气缸盖的高度有关，伸出量一般为 2~4mm。各油束在活塞顶平面的投影位置应使油束分布与燃烧室内的空气分布与涡流相适应。孔式喷嘴单个喷孔的喷雾锥角由喷孔直径、长度与加工质量等决定，其值一般为 15°~30°。总之，喷注的形状与喷雾质量必须与燃烧室的结构形式以及其中的气流情况相适应，为此除了合理的设计以外，还要进行仔细的匹配试验。

7.4.3.4   压力室

压力室有圆柱形、圆锥形和半球形等各种形状。

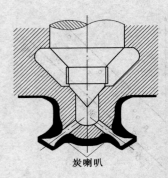

图 7-45 喷孔积炭

喷射结束时，针阀迅速落座，由于流动惯性可使压力室内的燃油几乎全部从喷孔喷出而很少残留。如果针阀运动不良或阀座变形、磨损不匀，以及低压二次喷射、断油不干脆时，喷射结束后压力室内残留燃油被燃气加热、膨胀、流出喷孔，并附于喷孔周围分解、胶化，逐渐形成喇叭形积炭（图 7-45）。积炭使喷射受阻，油束碎裂和颤动，柴油机排烟变黑，功率下降。显然，增加压力室容积是不利的。图 7-46 表示压力室容积对柴油机比油耗的影响。在加工和喷孔布置允许的条件下，减小压力室可以改善柴油机性能，但在某些情况下，较大的压力室容积又可改善燃气倒流的趋向。此外，压力室过小也易使针阀结胶，这取决于针阀与压力室之间的燃油与燃气的混合程度。因此，压力室容积应在喷油嘴寿命与性能之间做出合理的选择。

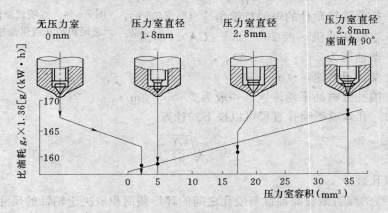

图 7-46 压力室容积对比油耗的影响

喷油嘴座面流通截面积与压力室结构有关。加大流通截面积，同时缩小压力室容积的方案如图 7-47 所示。将图 7-47（a）改为图 7-47（b）使压力室呈阶梯形，或将针阀头部做成双锥相接，均可在座面流通截面积不变的情况下减小压力室容积。

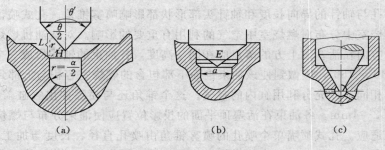

图 7-47 压力室

实践证明，柴油机排气中的 HC 含量随喷油嘴压力室容积的减小而减小。因此有的柴油机采用无压力室喷油嘴［图 7-47（c）］。

当喷油嘴与活塞的中心线一致时，减小压力室容积比较容易；如果喷孔对喷油嘴轴线不对称布置时，由于各喷孔的喷油量、雾化质量不同，过分减小压力室容积往往是困难的。

7.4.3.5 针阀升程

针阀升程的大小应保证密封座面处有必要的流通截面积，使压力室压力不因座面节流而过分下降。对轴针式和节流式油嘴还应考虑喷雾角度和环状节流截面积。

密封座面的流通截面积与喷孔流通截面积之比为

$$f_z/f_0 = 1.3 \sim 2.5$$

在高增压柴油机中此比值可取上限或更大些。在高速柴油机中，由于其他要求的限制，此比值可取得低些。

在保证所需的流通截面的前提下，应尽量减小针阀升程，因为升程的增大将可能引起一系列不良影响，如表 7-2 所示。

表 7-2　　　　　　　　　　　　针阀升程增大的影响

项　目	密封直径增大时	项　目	密封直径增大时
针阀撞击速度	增大	排烟	增加
座面冲击应力	增大	比油耗	增加
针阀落座时间	加长	调压弹簧负荷	增加
燃气倒流趋势	增加	雾化质量	变劣
座面磨损	加剧	喷油嘴寿命	降低
座面渗漏	加重	功率	降低
喷孔积炭	加重		

7.4.3.6 针阀落座的冲击应力

针阀落座的冲击应力系喷射结束针阀落座时撞击针阀体座面而产生的应力，它对座面磨损影响很大。影响座面应力大小的因素很多。例如，针阀最大升程时的弹簧作用力、针阀座面下油压的下降速度、针阀的摩擦阻力、燃油黏度、座面锥角差、弹簧以及包括针阀在内的运动件质量大小等。而在计算时，这些因素不可能全部考虑进去。

在根据应力波理论和弹性力学理论推导出针阀对阀座面冲击应力公式时，基于以下几点假设。

(1) 针阀在弹簧作用下，无摩擦地冲向座面。

(2) 冲击的座面面积为 $\frac{\pi}{4}d^2$。

(3) 运动质量只由针阀及挺杆组成，低惯性喷嘴只计针阀的质量。

(4) 终止喷油时，油腔内油压是瞬时消除的。

(5) 针阀与座面之间为金属碰撞，不存在任何其他介质。

对于带挺杆的常规喷油嘴的针阀冲击应力 σ 的计算公式为

$$\sigma = K\left(1 + \frac{2}{\delta^2 + 1} \times \frac{S_2}{S_B + S_2}\right)\sqrt{\frac{E\rho_0 K_p}{m_1 + m_2}\left(\frac{2F_s h}{K_p} + h^2\right)}$$

式中 K——截面系数，$K=\dfrac{最大座面面积（投影）}{实际座面面积（投影）}=\dfrac{d^2}{d_1^2-d_2^2}$；

d_1——针阀体最大座面直径；

d_2——压力室直径，$\delta=\dfrac{d}{D}$；

m_1——挺杆质量，kg；

m_2——针阀质量，kg；

K_p——弹簧刚度，N/mm；

F_s——使针阀落座的弹簧作用力，$F_s=\dfrac{\pi}{4}(D^2-d^2)P_0$；

h——针阀升程，mm；

ρ_0——材料的密度，对钢 $\rho_0=7.8\times10^3\,\text{kg/m}^3$；

E——材料的弹性模量，材料为钢时其值为 $2\times10^2\,\text{GPa}=2.0\times10^5\,\text{N/mm}^2$；

S_B——针阀上端面积；

S_2——挺杆面积；

P_0——针阀的开启压。

针阀座面冲击应力计算简图如图 7-48 所示。

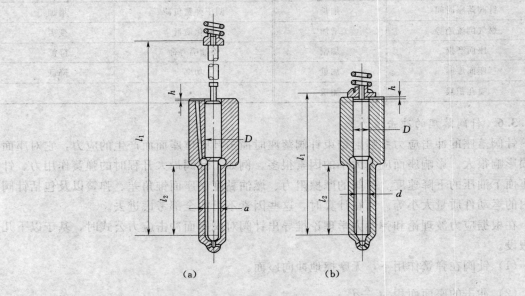

图 7-48　针阀座面冲击应力计算简图

(a) 普通喷嘴；(b) 低惯量喷嘴

第8章 2100T柴油机主要技术参数及图纸

8.1 2100T柴油机主要技术参数

缸径 $D=100$mm；冲程 $S=120$mm；压缩比 $\varepsilon=16$；额定功率 $N_e=18.4$kW；额定转速 $n=2000$r/min；比油耗 $g_e\leqslant252$g/(kW·h)

用途：主要用于拖拉机。

8.2 2100T柴油机参考图纸

参考图纸包括2100T柴油机纵横剖面图和主要零部件图共33张（图8-1～图8-33）

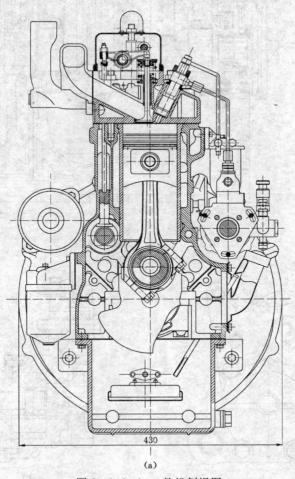

430

(a)

图8-1（一） 整机剖视图

(a)整机横剖视图

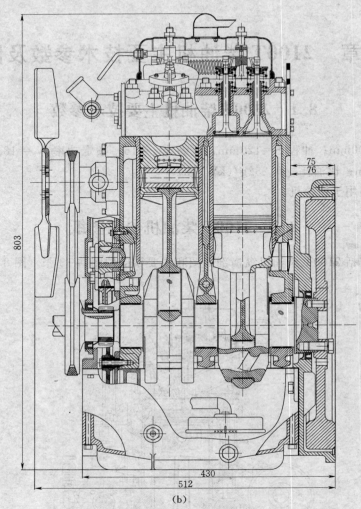

75
76

803

430

512

(b)

图 8-1（二）　整机剖视图

（b）整机纵剖视图

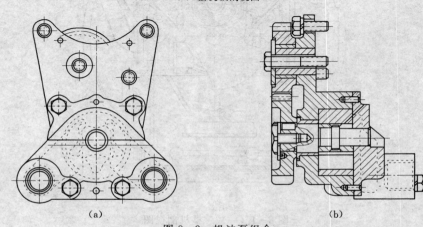

(a)　　　　　　　　　　　　　　　(b)

图 8-2　机油泵组合

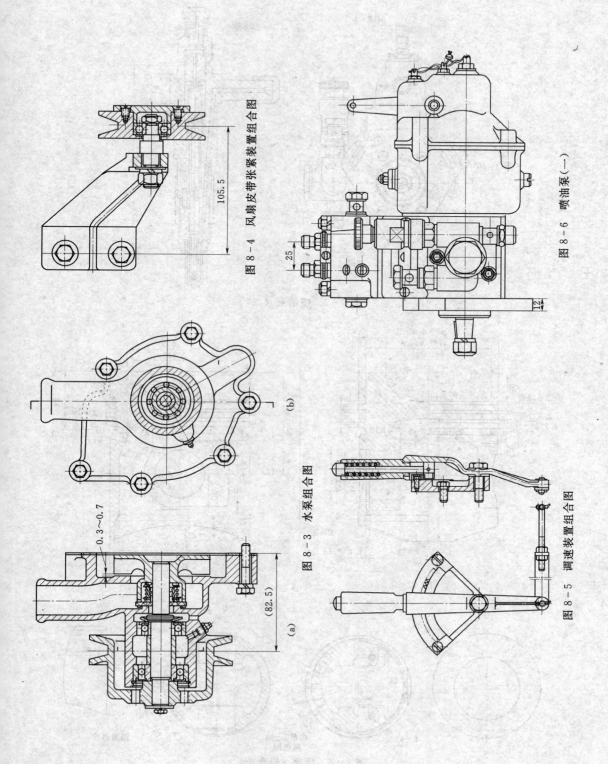

图 8-4 风扇皮带张紧装置组合图

图 8-6 喷油泵(一)

图 8-3 水泵组合图

图 8-5 调速装置组合图

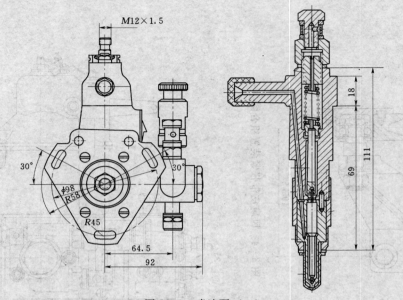

图 8-7　喷油泵（二）

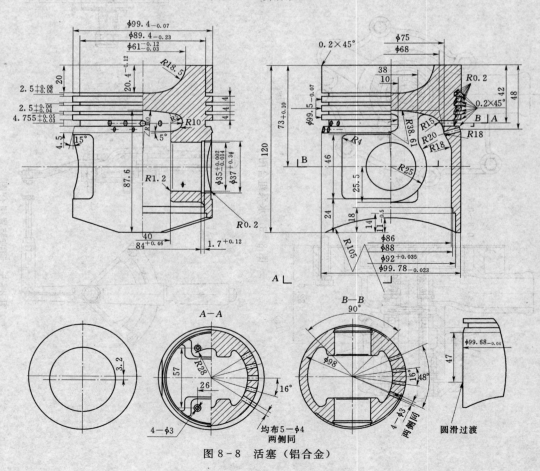

图 8-8　活塞（铝合金）

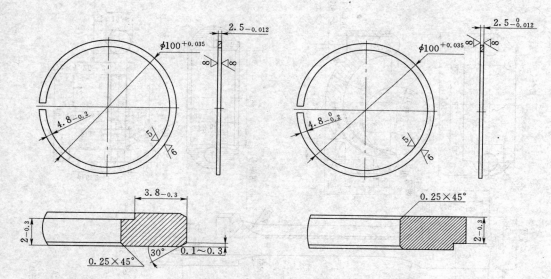

图 8-9　第一道活塞环 $M1:1$（合金铸铁）；第二道活塞环 $M1:1$（合金铸铁）

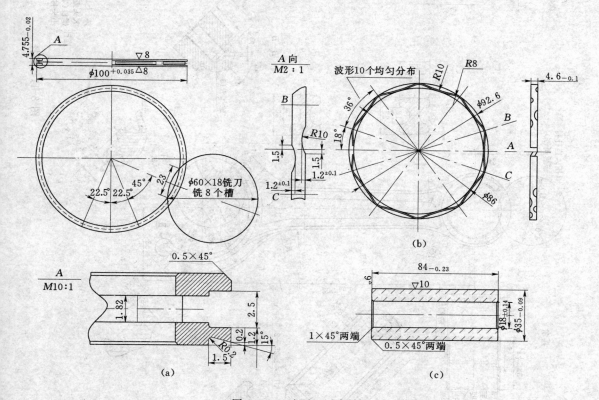

图 8-10　油环、活塞销
(a) 活塞油环 $M1:1$（合金铸铁）；(b) 油环衬簧 $M1:1$（钢 65Mn）；
(c) 活塞销 $M1:1$（钢 20Cr）

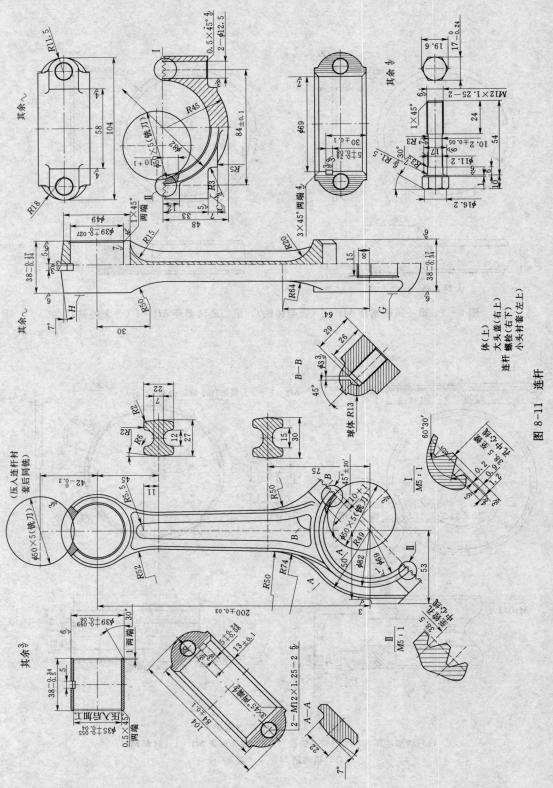

图 8-11　连杆

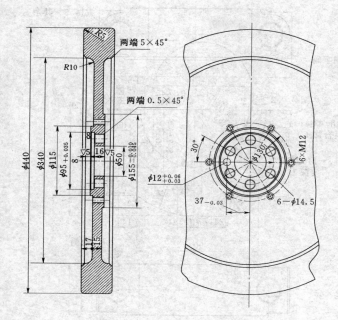

图 8-12　飞轮（HT 15—33）

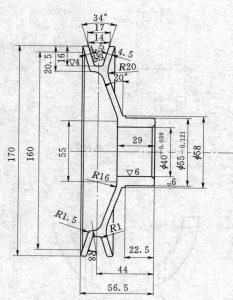

图 8-13　皮带轮（HT 15—33）

其余～

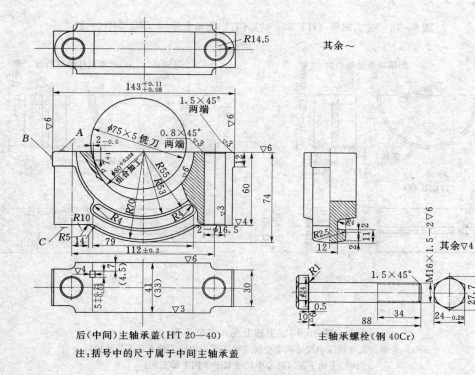

后（中间）主轴承盖（HT 20—40）

注：括号中的尺寸属于中间主轴承盖

主轴承螺栓（钢 40Cr）

图 8-14　轴承盖螺栓

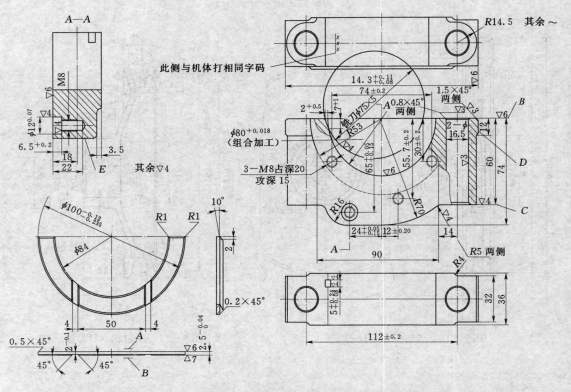

图 8-15　前主轴承（HT 20—40）（右）曲轴止推片（ZQSH 10—1）

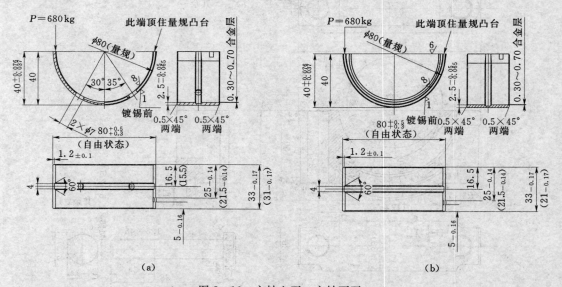

（a）　　　　　　　　　　　　（b）

图 8-16　主轴上瓦、主轴下瓦

（a）主轴上瓦（括号中尺寸属于中间主轴下瓦，中间主轴下瓦不开油槽）；

（b）主轴下瓦（括号中尺寸属于中间主轴上瓦）

材料：钢背高锡铝合金

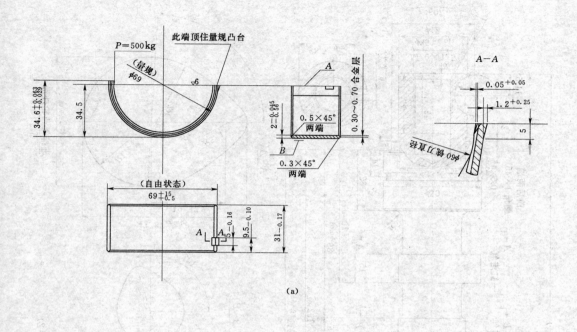

(a)

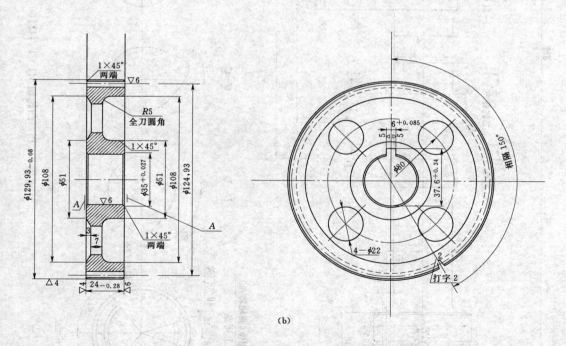

(b)

图 8-17　连杆大头轴瓦、凸轮轴正时齿轮

(a) 连杆大头轴瓦 (高锡铝合金)；(b) 凸轮轴正时齿轮 (钢 45)

131

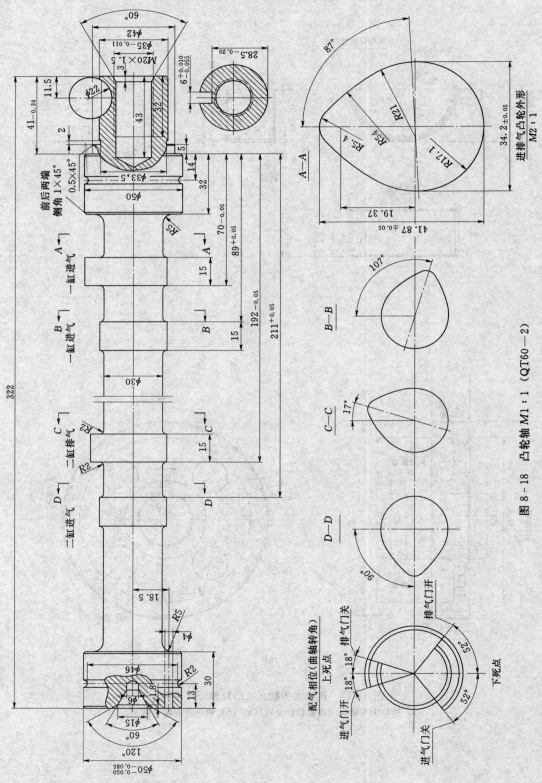

进排气凸轮外形
M2：1

A—A

B—B

C—C

D—D

配气相位（曲轴转角）
上死点
排气门关
排气门开
进气门开
进气门关
下死点

图 8-18　凸轮轴 M1：1（QT60—2）

前后两端
侧角 1×45°

一缸进气
一缸进气
二缸排气
二缸进气

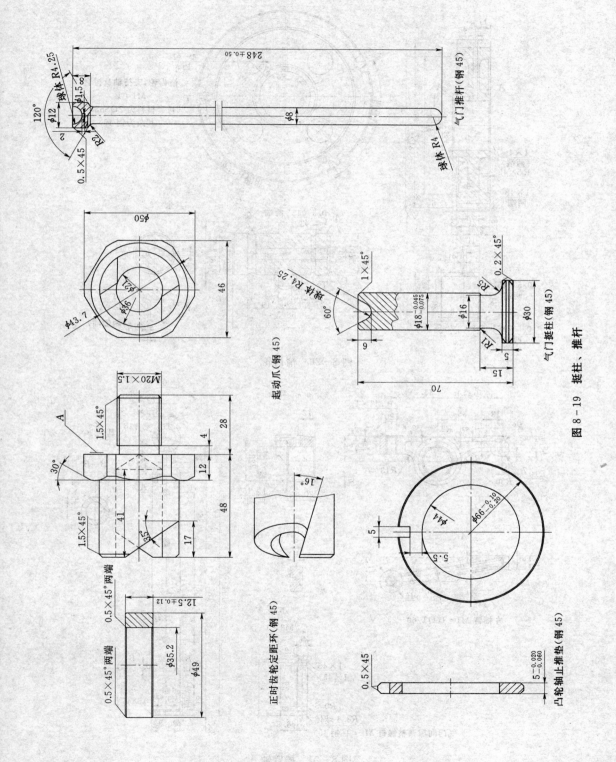

图 8-19 挺柱、推杆

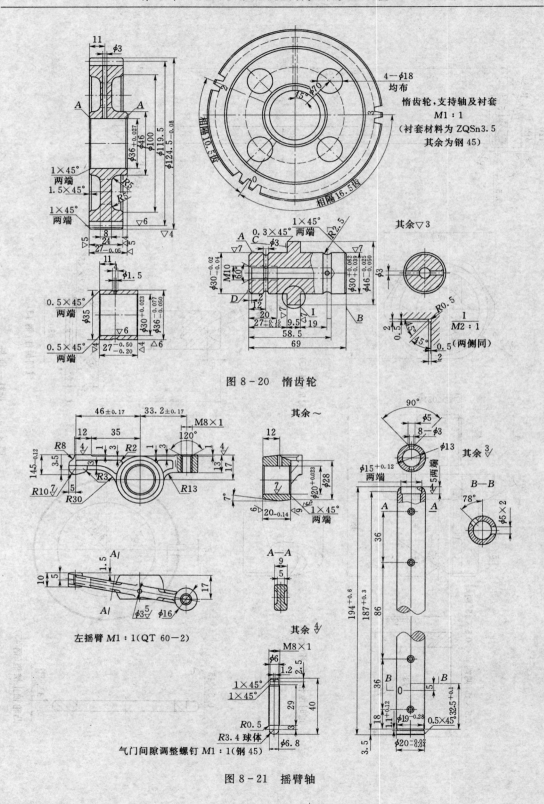

图 8-20　惰齿轮

左摇臂 M1:1(QT 60-2)

气门间隙调整螺钉 M1:1(钢 45)

图 8-21　摇臂轴

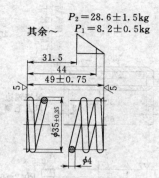

$P_2 = 28.6 \pm 1.5 \text{kg}$
$P_1 = 8.2 \pm 0.5 \text{kg}$

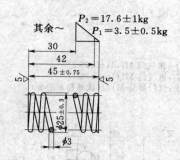

$P_2 = 17.6 \pm 1 \text{kg}$
$P_1 = 3.5 \pm 0.5 \text{kg}$

弹簧参数

1. 弹簧展开长度 $l = 734 \text{mm}$

2. 旋向：右旋

3. 有效卷数：$5 \frac{1}{4}$

4. 总卷数：7.5 ± 0.25

气门外弹簧　M1：1
（钢系 4.50CrvA）

1. 弹簧展开长度 $l = 616 \text{mm}$

2. 旋向：左旋

3. 有效卷数：6.5

4. 总卷数：8.5 ± 0.25

气门内弹簧　M1：1
（钢系 3.50CrvA）

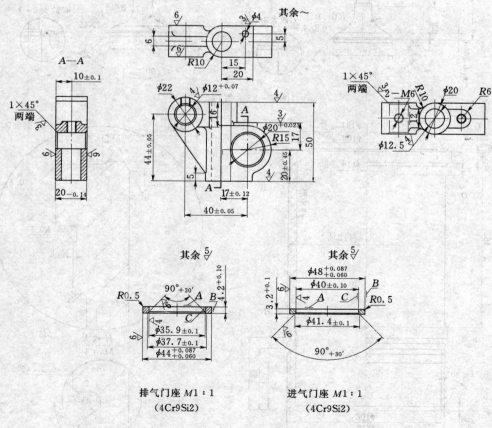

排气门座 M1：1
（4Cr9Si2）

进气门座 M1：1
（4Cr9Si2）

图 8-22　后摇臂座 M1：1（QT 60-2）

135

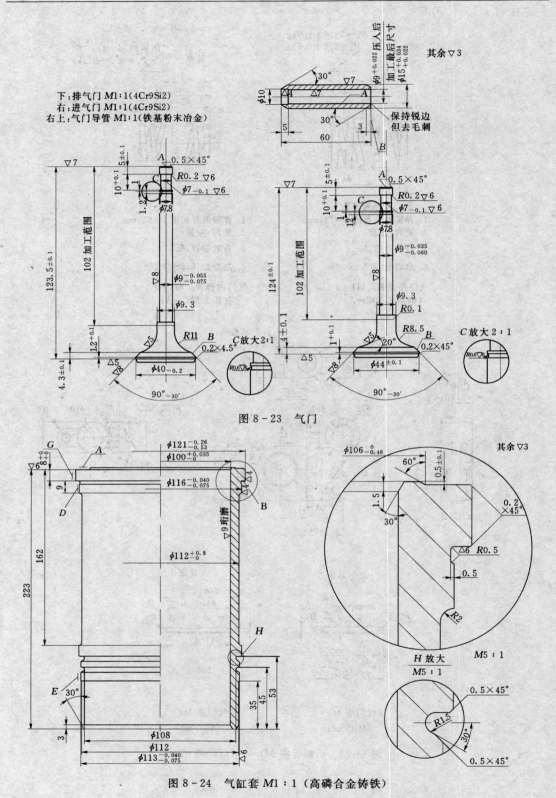

图 8-23   气门

图 8-24   气缸套 M1:1（高磷合金铸铁）

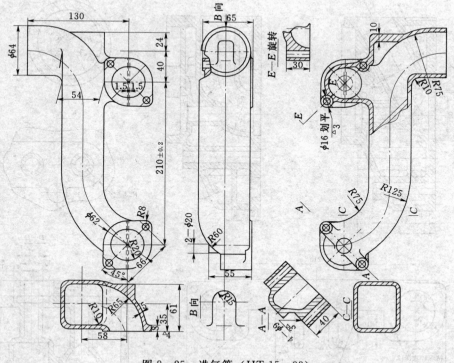

图 8-25 进气管（HT 15—33）

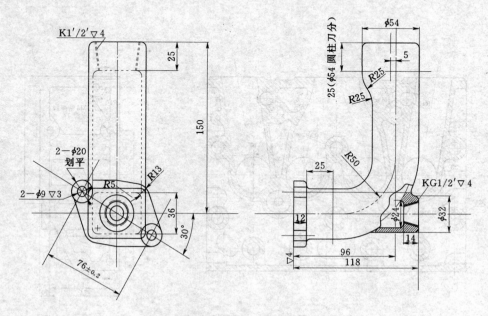

图 8-26 排气管（HT 15—33）

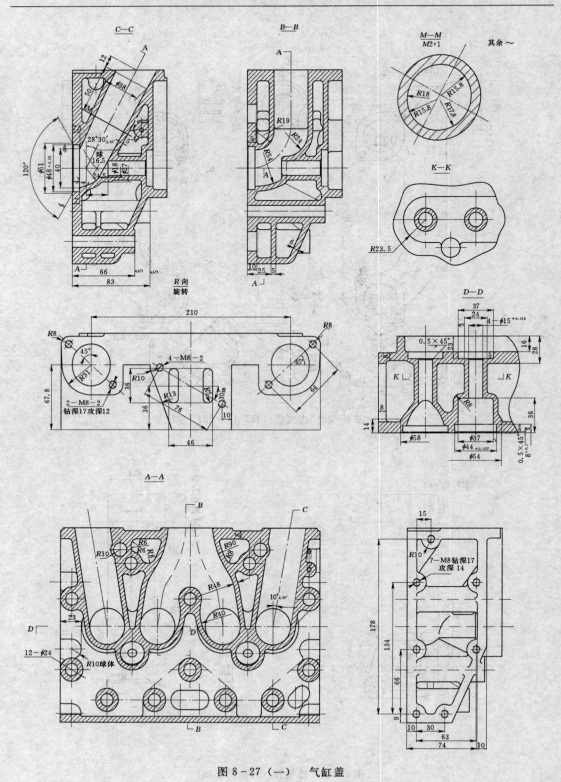

图 8-27（一）　气缸盖

138

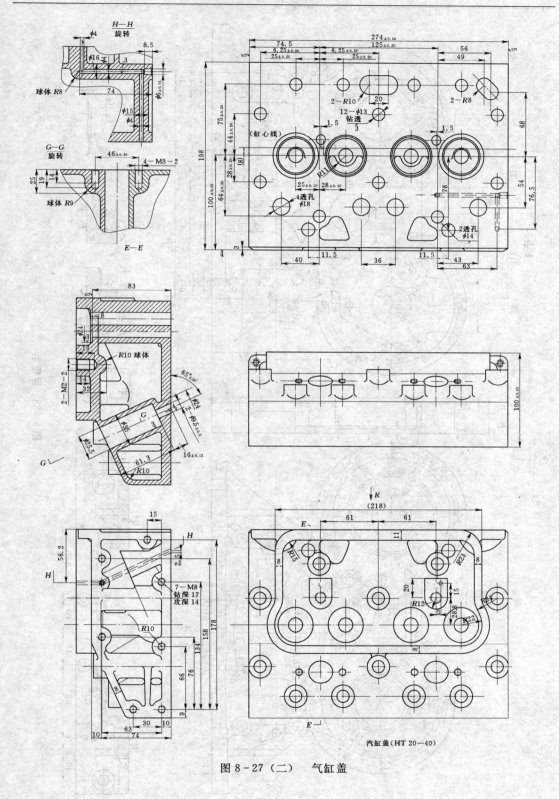

图 8-27（二） 气缸盖

汽缸盖（HT 20—40）

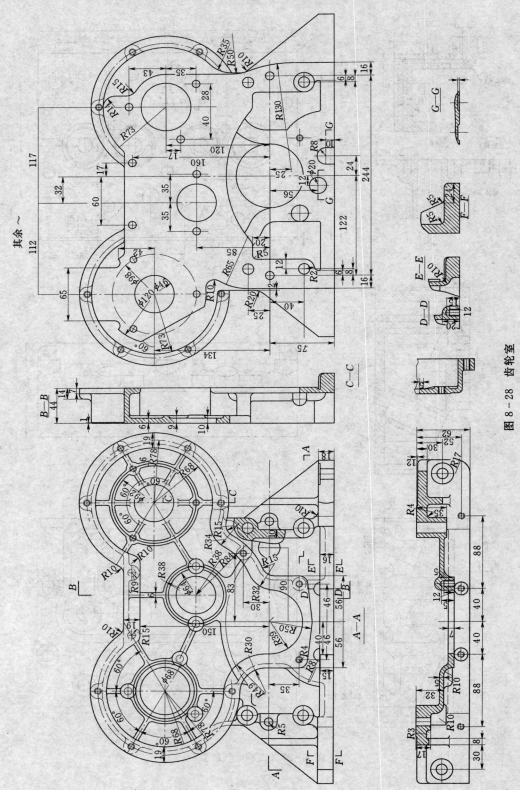

图 8－28　齿轮室

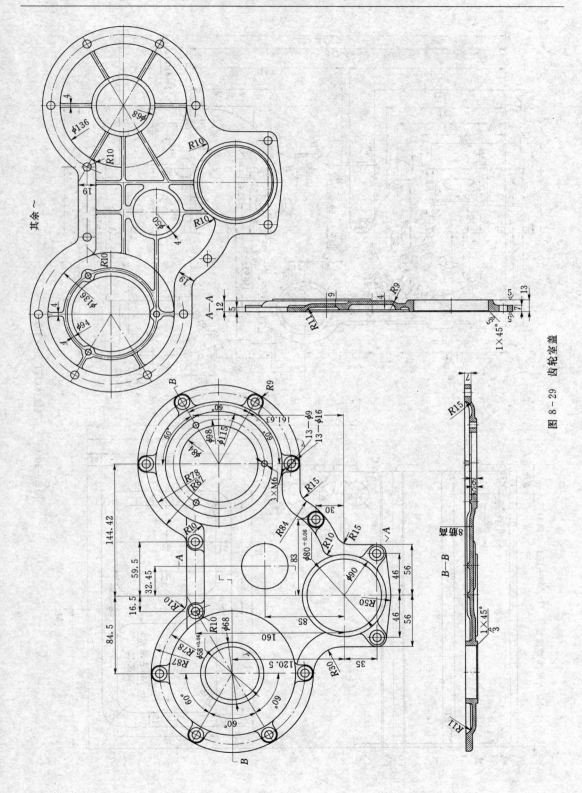

图 8-29 齿轮室盖

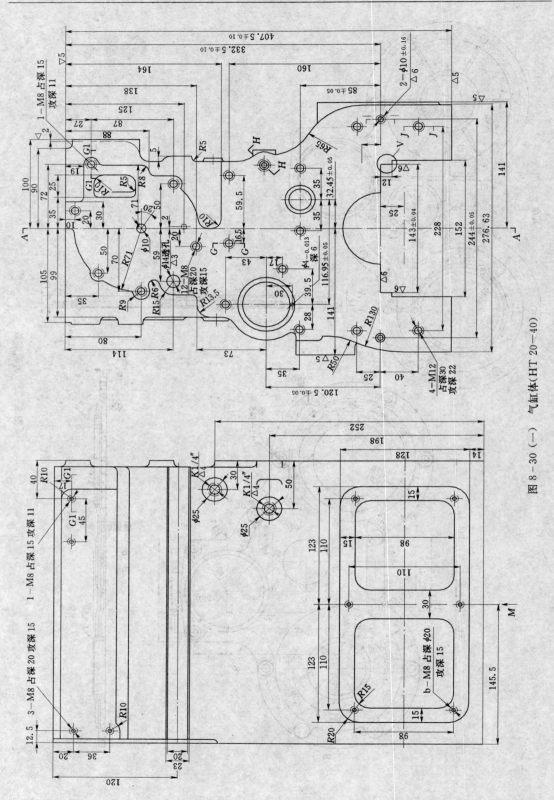

图 8－30 （一）   气缸体（HT 20—40）

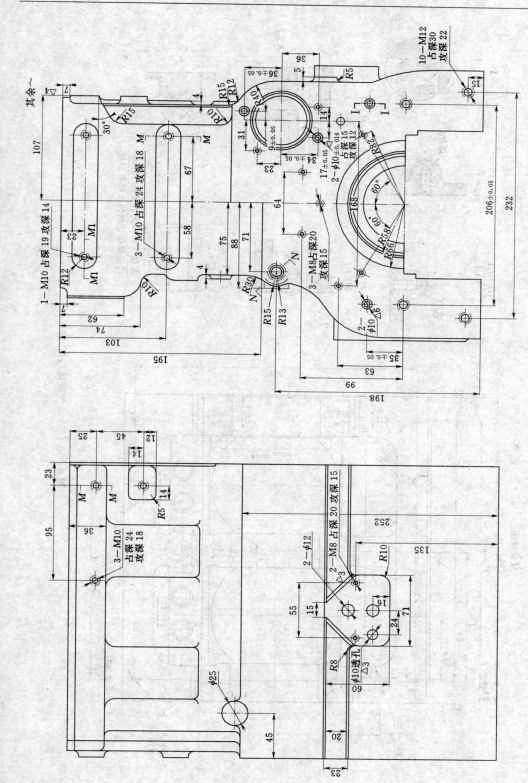

图 8-30（二） 气缸体（HT 20-40）

143

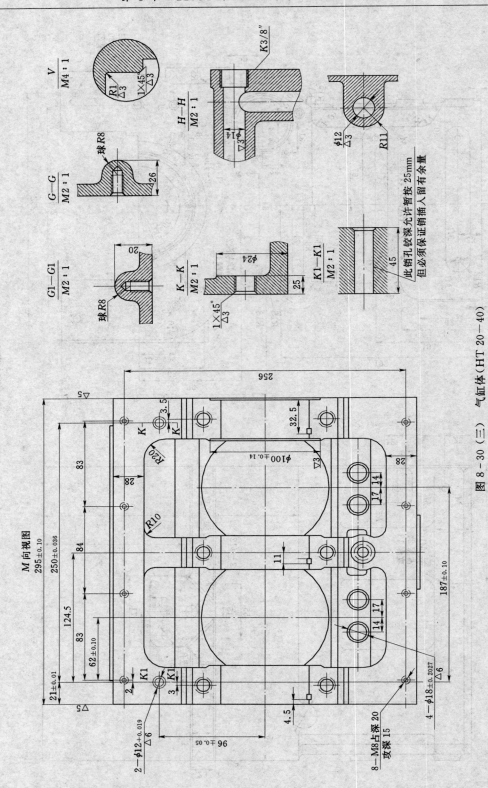

图 8-30（三）　气缸体（HT 20—40）

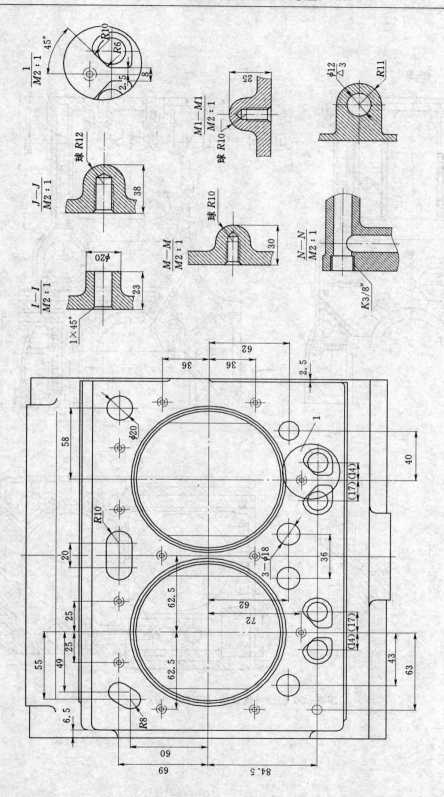

图 8-30（四） 气缸体（HT 20—40）

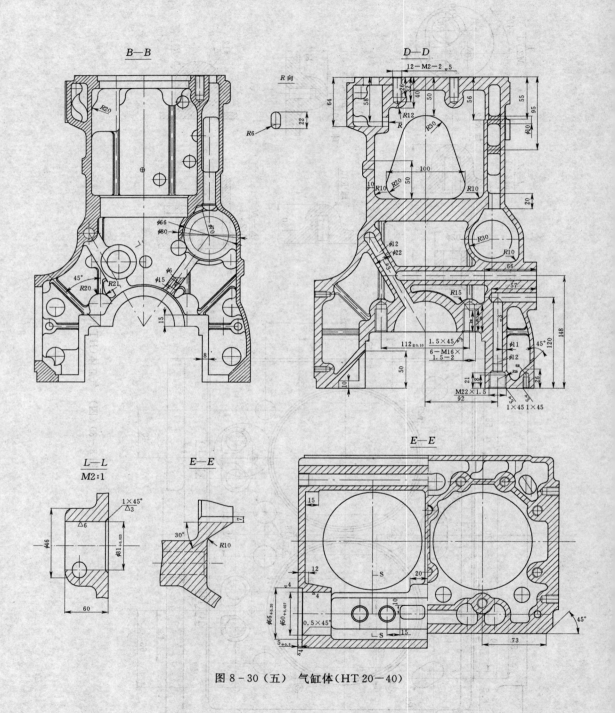

图 8-30（五）　气缸体（HT 20-40）

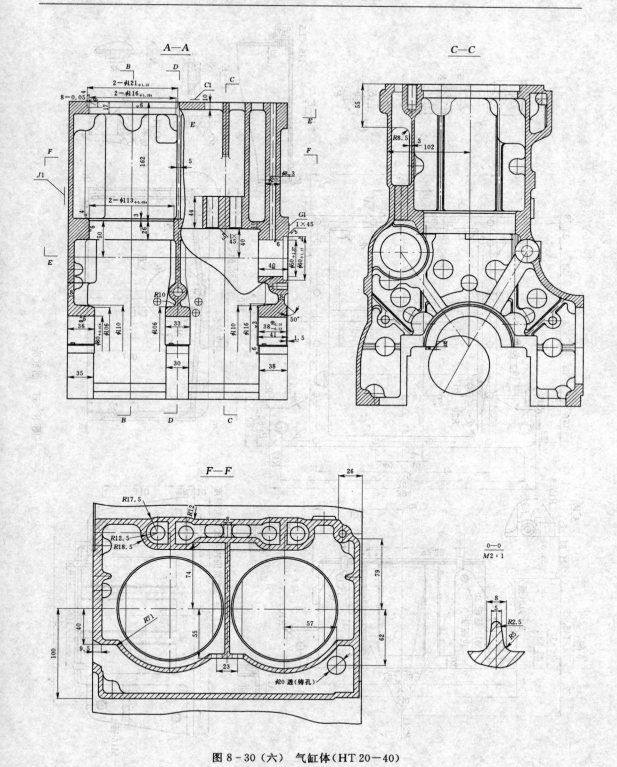

图 8-30（六） 气缸体（HT 20-40）

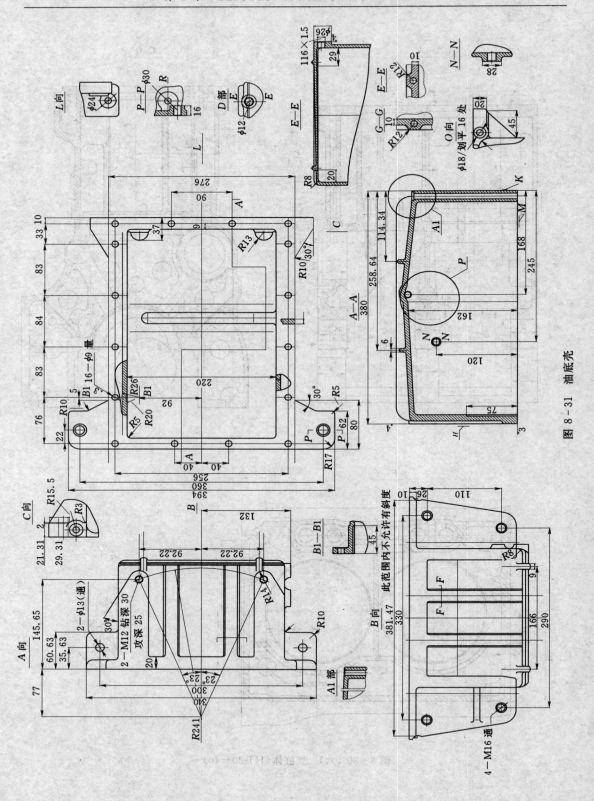

图 8 - 31　油底壳

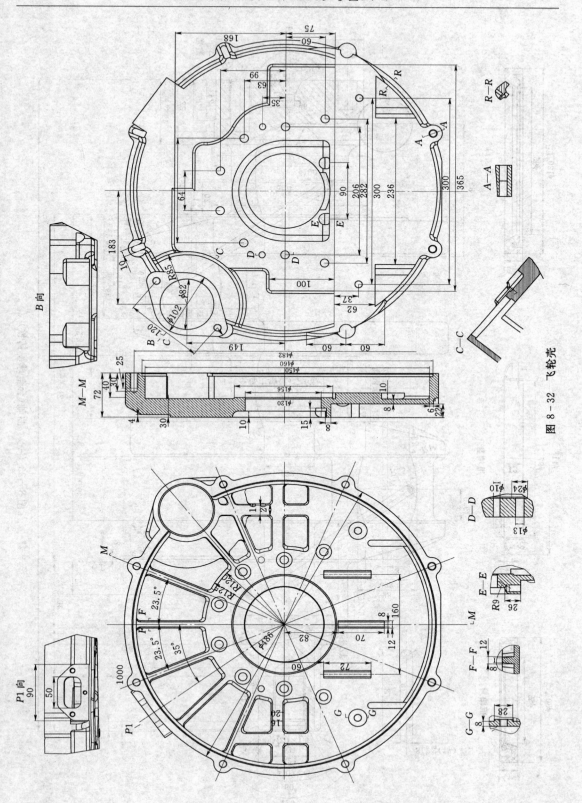

图 8-32 飞轮壳

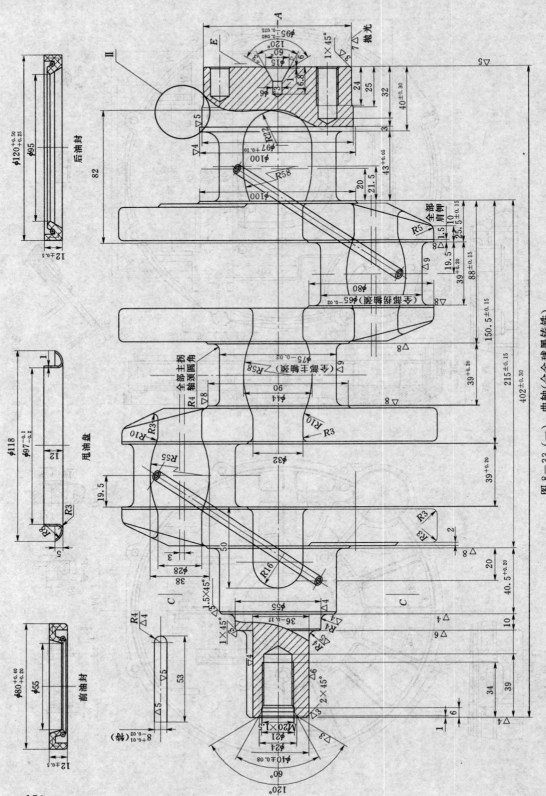

图 8-33 (一)　曲轴 (合金球墨铸铁)

后油封

前油封

甩油盘

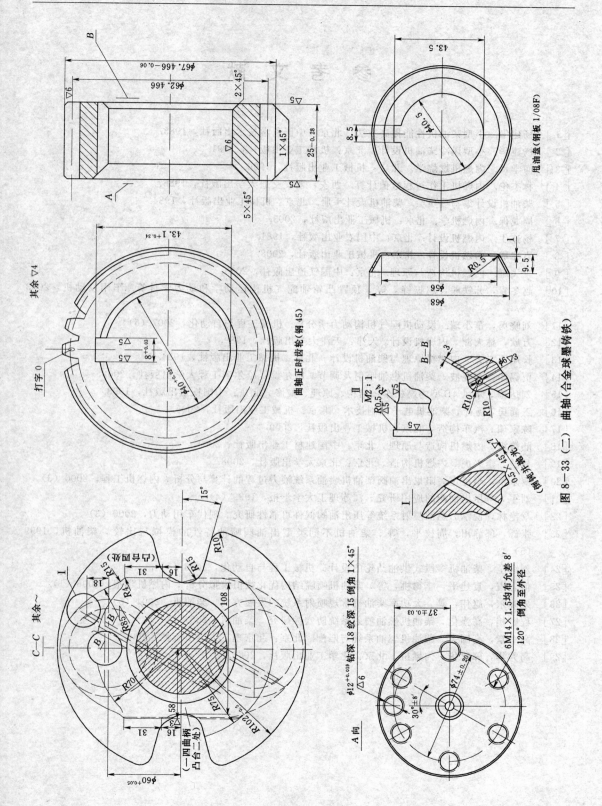

图 8-33（二） 曲轴（合金球墨铸铁）

甩油盘（钢板 1/08F）

曲轴正时齿轮（钢 45）

参 考 文 献

［1］ 杨建华. 小型柴油机性能提高方法. 北京：中国科学技术出版社，1985.

［2］ 杨建华. 小型风冷柴油机设计. 北京：机械工业出版社，1991.

［3］ 何学良. 内燃机燃烧学. 北京：机械工业出版社，1990.

［4］ 林杰伦. 内燃机工作过程数值计算. 西安：西安交通大学出版社，1986.

［5］ 柴油机设计编写委员会. 柴油机设计手册. 北京：机械工业出版社，1984.

［6］ 周龙保. 内燃机学. 北京：机械工业出版社，2003.

［7］ 杨连生. 内燃机设计. 北京：中国农业出版社，1981.

［8］ 袁兆成. 内燃机设计. 北京：机械工业出版社，2008.

［9］ 李飞鹏. 内燃机构造与原理. 北京：中国铁道出版社，2003.

［10］ 赵冬青，苏铁熊，赵振锋，等. 顶置凸轮轴配气机构运动学和动力学计算. 车用发动机，2003 (6).

［11］ 刘晓勇，董小瑞. 发动机配气机构动力学分析. 机械工程与自动化，2007 (6).

［12］ 万欣，林大渊. 内燃机设计. 天津：天津大学出版社，1989.

［13］ 长尾不二夫. 内燃机原理与柴油机设计. 北京：机械工业出版社，1984.

［14］ 贾锡印，李晓波. 柴油机燃油喷射及调节. 哈尔滨：哈尔滨工程大学出版社，2002.

［15］ 刘达德. 东风 4B 型内燃机车：结构、原理、检修. 北京：中国铁道出版社，1998.

［16］ 王尚勇，杨青. 柴油机电子控制技术. 北京：机械工业出版社，2005.

［17］ 陈家瑞. 汽车构造. 北京：机械工业出版社，2009.

［18］ 陆耀祖. 内燃机构造与原理. 北京：中国建材工业出版社，2004.

［19］ 林波，李兴虎. 内燃机构造. 北京：北京大学出版社，2008.

［20］ 罗永革，李径定. 阻尼出油阀柴油机喷油系统液力过程的计算与分析. 内燃机工程，2000 (3).

［21］ 刘军. 等压出油阀的应用研究. 江苏理工大学学报，1999 (4).

［22］ 章艳林，倪泓. 燃油喷射系统等压出油阀偶件可靠性研究. 现代车用动力，2006 (3).

［23］ 张砾，邹静川，周校平，等. 柴油机不同类型出油阀喷油特性的模拟与比较. 柴油机，1999 (5).

［24］ 刘继全. 柴油机多段式供油凸轮的设计. 机械工程与自动化，2006 (6).

［25］ 何志霞，袁建平，李德桃，等. 柴油机喷嘴结构优化数值模拟分析. 内燃机学报，2006 (1).

［26］ 朱晓东，赵伟，等. 大功率柴油机常规喷射系统的发展方向. 柴油机，2004 (5).

［27］ 程财鹤，高强化. 柴油机燃油喷射系统防穴蚀研究. 柴油机，2001 (4).

［28］ 高书堂，高国强. 柴油机燃油系统与匹配. 北京：北京理工大学出版社，2005.

［29］ 高秀华，郭建华. 内燃机. 北京：化学工业出版社，2006.